**超过 2000 万人**
**将冥想奉为高效缓解压力和精神疲劳的治疗方法**

**200 位行业代表人物中**
**超过 80% 的人有每天练习冥想的习惯**

**苹果、谷歌、英特尔均为员工提供冥想课程**
**将其视为成功和创新的关键**

许多人听说过冥想的诸多益处，如减轻压力、抑郁和焦虑，提升专注力、记忆力和创造力，改善睡眠，戒掉各种瘾，缓解身体疼痛，增强免疫力等，而且这些益处都得到了科学的证明。

**然而，你可能依然对冥想有许多疑虑：**

- “我不想和宗教扯上关系。”
- “我都这么忙了，哪里还有时间练习冥
- “我找不到安静的地方来练习冥想！”
- “我试过冥想，但我根本没法清空头脑！”



**本书可以帮助你解决心中疑虑，让你从冥想中轻松获益：**

- “冥想与宗教无关，它只是一种安顿身心、获得真正快乐的工具。”
- “每天只要十分钟，不影响你的日程安排。”
- “不需要寻找安静的地方，随时随地都能练习冥想。”
- “冥想并非清空头脑，而是不加评判地观察内心。”

安迪·普迪科姆擅长运用精妙比喻帮助你理解冥想的精髓，带领你学习一些简单易学且非常有效的冥想方法，将其融入你的生活、工作和内心。每天给自己十分钟，就能给生活带来巨大变化。从《十分钟冥想》开始，爱上冥想，拥抱清醒、平和与快乐。

# 十分钟冥想

## THE HEADSPACE GUIDE TO MEDITATION AND MINDFULNESS

[英] 安迪·普迪科姆 著
Andy Puddicombe

王俊兰 王彦又 译

图书在版编目（CIP）数据

十分钟冥想 /（英）安迪·普迪科姆（Andy Puddicombe）著；王俊兰，王彦又译．一北京：机械工业出版社，2019.11（2024.12 重印）
书名原文：The Headspace Guide to Meditation and Mindfulness

ISBN 978-7-111-63982-4

I. 十… II. ①安… ②王… ③王… III. 情绪－自我控制－通俗读物 IV. B842.6-49

中国版本图书馆 CIP 数据核字（2019）第 219550 号

---

北京市版权局著作权合同登记 图字：01-2019-3887 号。



# 十分钟冥想

---

出版发行：机械工业出版社（北京市西城区百万庄大街 22 号 邮政编码：100037）
责任编辑：邵啊敏
责任校对：李秋荣
印 刷：保定市中画美凯印刷有限公司
版 次：2024 年 12 月第 1 版第 25 次印刷
开 本：130mm × 185mm 1/32
印 张：10.5
书 号：ISBN 978-7-111-63982-4
定 价：59.00 元

---

客服电话：（010）88361066 68326294

# 目录

# 练习索引

在这个过程中，我们的自我意识每天都遭受重创，自始至终，一直有人督促我们别把自己看得太重。有趣的是，这跟我们在寺院里接受的训练非常相似，在寺院里，自我意识也一样会受到冲击。在小丑工作室，我们被鼓励着去出洋相、去冒险、去尝试，即便明知道自己不会成功。

# 导言

马戏训练中最具挑战性的一点是不停地被要求走出自己的舒适区——大部分马戏人每天都面临着这样的要求。

已经是后半夜了。我坐在墙头往下看。院子里高大的松树将我严严实实地笼罩在黑暗中，我忍不住回头望去，看看是否有人跟踪我。我这是怎么了？我又低头瞟了一眼，自己距离地面有3米多高。这也许听起来并不高。然而，我脚踩薄便鞋，身着睡衣，一想到要往下跳，便直打退堂鼓。当时穿便鞋的时候，我是怎么想的？从僧舍溜出来的时候，我把鞋子卷在裤脚里，努力不要惊动其他僧侣。我到这个寺院是来思考人生的，然而此刻我却趴在它的墙头上，一边打算跳回尘世，一边看着自己的便鞋踌躇。

不应该是这个样子的。我之前在比这更具挑战性的环境中，以佛教徒的身份受过训练。我在别的寺院时，虽然生活方式称得上有点儿挑战性，但那里的生活非常充实，我能感到温情、友善和关切。然而，这里不同。这是一所“与众不同”的寺院。不分昼夜地锁着门，四面是高高的石墙，你无法同外界有一丁点儿联系，有时候你会觉得这里更像是一座监狱。然而我怪不了谁，只能怪我自己，毕竟我来到这里，纯粹是出于个人意愿。通常情况下，这并不是说：一旦你皈依了，你就得一辈子当僧人。事实上正相反，寺院以宽容和慈悲著称，也因此备受敬仰。那么我怎么会爬到 3 米多高的墙头上，想要从这里逃跑呢？这还真有点儿不可思议。

一切开始于几年前。当时我做了一个决定，要整理行装跑到亚洲当僧人。我当时还在念大学，主修体育科学。学生和僧人之间的角色转变似乎有些大，但是我当时毫不犹豫地做出了这个决定。不出所料，我的朋友和家人比我还要担心，也许他们当时都在想我是不是疯了。即便如此，他们所有人仍然支持我的决定。然而我在学校里遇到的则完全是另一种情况。一听到这个消息，年级长就建议我去看看医生，让医生开点儿百忧解[1]也许是个更理智的选择。虽然我很清楚他是出于好意，然而我

[1] 百忧解（Prozac）是一种缓解焦虑和抑郁的药。——译者注

忍不住想，他的建议根本就不得要领。难道我真能从一瓶处方药里得到我所追求的那种幸福和满足吗？当我从他的办公室里往外走的时候，他说："安迪，你将来会为这个决定后悔终生。"然而事实证明，这是我所做的最好的决定。

读到这里你也许会想，到底什么样的人会突然有一天下定决心，跑去亚洲当个僧人呢？也许你会认为，应该是"自我治疗"却迷失了方向的学生，或者是"富有创意"、一心想反抗消费型社会的人。然而，现实中的人并没有那么超凡脱俗。我那时不过是挣扎于自己的内心而已，不是你所理解的心灵受束缚，而是心灵挣扎于无穷无尽的思索之中。那感觉就像我的心灵是一台不停运转的洗衣机。有些想法是我喜欢的，然而还有很多想法是我不喜欢的。我当时的情感状态也是如此，就好像大脑忙个不停还不够似的，我那时感觉自己好像一直陷在不必要的担忧、沮丧和悲伤中。这种情绪一般处于正常水平，但是会时不时地出现失控的倾向。每当这种情绪失控的时候，我就束手无策了，就好像我完全受到这种情感的摆布，惶惶无依。情况好的时候，一切都好，但是情况糟糕的时候，我就感觉头要爆炸了。

由于那种强烈的情感，想要对大脑进行训练的愿望一直在我的脑海中萦绕不去。我不知道该怎样去做，不过我在年龄很小的时候就接触了冥想，我知道它也许能给我答案。读到这里，你千万不要认为我是那种天才（少年时期就盘着腿坐在地上苦思冥想），我并不是那种少年天才。直到 22 岁，我才开始专门进行冥想修习。不过，我在 11 岁时第一次体验到的头脑空间确实是我后来取得一切成就的里程碑。我本想说，我是因为渴望弄明白人生的意义，所以在这种渴望的驱使下报名参加了我的第一堂冥想课。然而事实是，我之所以去参加这堂课，是因为我不想掉队。我的父母彼时刚刚分开，而我的妈妈当时正尝试走出婚姻失败的阴影，她报了一个为期 6 周的冥想课程。当时听说我的妹妹也要去，于是我问她们，自己能不能也一起去。

我想，第一次尝试的时候，我是很幸运的。在那次体验中，我既没有期望，也没感到恐惧。即便在那么小的年龄，我也注意到冥想带来的心性上的变化。我不确定在那之前我有没有体验过宁静的心境。然而我肯定，在那之前，我从未在一个地方安安静静地坐过那么长的时间。当然这带来的问题是，第二次或者在那之后再次尝试冥想时，每当我得不到同样的体验，我就开始感到沮丧。事实上，我越努力想要放松，我似乎离放松就越远。我的冥想之路就是这样开始的：与自己的心灵搏斗，越来越感到沮丧。

然而，现在回顾那段经历，我一点儿都不觉得惊讶。当时的授课方法有点儿“脱离现实”，讲师使用的是20世纪60年代的语言，而不是20世纪80年代的，在当时的课堂上，有许多舶来词，对于这些词我常常听不下去。当时，课堂上不断地出现“放松”和“放手”这样的提醒。呃，如果我知道如何“放松”和“放手”，那么我根本不会去那里，更不用说在那里一坐就是三四十分钟。门儿都没有。

这段经历本会使我这辈子都对冥想敬而远之，因为显然我没有多少动力能坚持下去。我的妹妹觉得冥想很无聊，她放弃了，然后我的妈妈因为有许多别的事情要做，也很难抽出时间继续冥想。至于朋友的看法，我现在根本就无法想象我当时是怎么想的，居然跑去跟学校里的同学谈论它。第二天早上，当我走进冥想教室的时候，我看到30个学员盘着腿坐在各自的桌子上，闭着眼吟唱经文，伴随着一阵阵抑制不住的笑声。因此，从那时起，我再也没有对任何人提起过冥想，然后我也放弃了它。此后，运动、异性、酗酒开始进入我的生活，我很难再抽出时间去冥想。

你也许会觉得，我成长的环境使得我比别人更容易接受冥想这个概念。也许你觉得，我在学校是个另类，穿着喇叭裤，扎着马尾辫，身上香气扑鼻。也许在你的想象中，我的父母开着绞索驱动的露营车来接我放学，车两边还漆着花朵装饰。我之所以这样说，是因为我觉得人们很容易武断地下结论，很容易陷入对冥想的固化理解，很容易觉得冥想只适合某一种人。事实上，我的少年时期跟你的一样普通无奇。

自那以后，直到18岁的时候，我才再次拾起冥想。当时我遭遇了一场危机，我的生活发生了一连串悲剧性的事件。对我而言，这场危机最终使得冥想变得前所未有地重要起来。对任何人来说，应对悲痛都很难。我们没受过这方面的训练，也没有针对这方面的通用准则，我们大多数人只能尽自己最大的努力。对我来说，应对悲痛的方式就是做我当时唯一知道的事情——把一切埋在心底，同时希望自己永远都不必面对人生中的悲痛，不用面对这些我人生路上的情感障碍。

与人生中的其他事物一样，你越推开悲痛，它越会制造更多的紧张。最终，这种紧张会不得不找个发泄的出口。时光飞逝，一转眼我已经上大学了。大学一年级悄然而过，我很难想象生活还会带来什么，但是就在这时，那种紧张、那些曾经被无视的情感，一次又一次地浮现出来。最初的时候，只是令人感到不适而已，但是没过多久，我感觉它们好像开始影响到我生活中的方方面面。我跑去告诉年级长，我决定辍学去当僧人，这只是我所有忧虑中最微不足道的一个。

我成长于一个基督教家庭，但在十几岁的时候，我感觉自己与任何宗教都已经不存在真正意义上的联系了。不过在那些年间，我读了一些书，我的一个好朋友经常跟我谈起佛学。在我看来，佛学具有如此强大的感染力，以至于它已经不太像某种宗教学说。关于冥想，关于那些引人入胜的僧尼故事，它们的吸引力更多地来自佛学，而跟生活方式没有太大关系。

每当有人问起我皈依的过程时，其问题常常类似于："你是爬上一座山，敲开某个寺院的门，然后问人家，自己可不可以来当僧人吗？"你们也许会觉得很可笑，但这其实是正常的做法。不过，在你激情澎湃地去收拾行李之前，我得补充一句，皈依不仅仅是这些，它还包括以俗家弟子的身份进行的长达数年的修习，然后以见习教徒的身份进行修习，在得到师父的允许后，你才能真正成为受戒的僧人。

最初，为寻找合适的师父，我经常搬来搬去，从一个寺院到另一个寺院，从一个国家跑到另一个国家。在那段时间里，我分别在印度、尼泊尔、泰国、缅甸、俄罗斯、波兰、澳大利亚和英国住过，在这个过程中我去过许多国家，学到了很多新的技法，每次的学习都建立在已经学到的技法基础上，同时我竭尽全力把这些技法融合到一起，融入自己的生命。除了我打算跳墙的那家戒备森严的寺院，我发现我所去过的每个地方的人都热情、友好，而且对我的修习十分有益。没错，谢天谢地，我最终找到了一个合适的师父，恰当地说，是一群合适的师父。

以僧人的身份生活有时候非常麻烦——并非每个人都“剃着光头，穿着僧服”，而且我当时打扮成僧人的样子向俗人阐释冥想，有时候会向对方传递出令人困惑的信息。住在寺院或隐修院里是一回事，毕竟在那里你周围的人能够欣赏僧服的朴素，但如果你住在城里，那就是另一回事了。我越是跟人们谈论冥想的好处，我就越发现，许多人急切地想要找到放松的方法，但是对僧服中隐含的宗教元素感到不安。他们只想应对人生，只想缓解压力——工作中的压力、个人生活中的压力，以及他们个人心灵中的压力。他们想重获童年记忆中的那种率真，重获对生命的感恩。他们寻找的不是心灵的彻悟，他们要的也不是治疗方法，他们只想要知道：在下班回家后该如何“关掉”自己，夜晚该如何入睡，如何提升自己的人际关系，如何减少自己的焦虑、悲伤或愤怒，如何控制自己的欲望，如何戒掉自己的某种瘾癖，如何对人生多些洞察。不过，他们最想知道的是，如何应对那种令人心神不宁的感觉——一切都不是它们该有的或者能有的样子。冥想和日常生活的融合是我决定不再做僧人、返回世俗生活的关键。

出家为僧期间，我变得特别内向，部分原因要归结为那种孤寂的生活方式，但同样重要的是，我更清楚地察觉到自己心灵的状况，这让我有了一种暴露在外的、无遮无掩的感觉。我非常想要消除这种感觉。我同时还想解决的是我变得越来越懒散。在进入寺院修习之前，我的体能很棒，然而那种状态在我当僧人的 10 年里被搁置了。有一天，在跟一个朋友交谈的时候，她提到一个在莫斯科国家马戏团受训的老同学。她知道我对杂耍很有兴趣，而且以前经常玩体操，她觉得我可以考虑学习杂耍。不久之后，我就开始去上杂耍私教课，而且非常喜欢这门课。在上课的时候，老师告诉我，伦敦有学校设立马戏艺术学位。是的，你没看错！马戏艺术专业的大学学位！说真的，这不是虚构的！我开始做初步的了解，于是我发现，确实有这种学位。这个课程对上课场所的要求非常高，看起来我好像没有太多的机会。后来，一天晚上，我收到的一封电子邮件称，对方可向我提供场所，但条件是我同意签署免责声明，声明里有这样毫不含糊的条款：我年纪大了，很有可能会伤到自己，而我自己会为此负全部责任。我当时才32岁，他们竟然就说我老了！

从僧人到马戏人的角色转变似乎并不明显，两者之间的相似之处超乎我们的想象。事实证明，时刻保持觉醒的状态在体育活动中极其宝贵，其应用之广是我连想都没有想过的。试想，无论是玩杂耍、走钢丝，还是玩高空秋千，每个动作都要求我们在专注和放松之间达到完美的平衡。如果太用力，我们会犯错；如果不够用力，我们会掉下来或者滑倒。

马戏训练中最具挑战性的一点是不停地被要求走出自己的舒适区——大部分马戏人每天都面临着这样的要求。在这个过程中，我们的自我意识每天都遭受重创，自始至终，一直有人督促我们别把自己看得太重。有趣的是，这跟我们在寺院里接受的训练非常相似，在寺院里，自我意识也一样会受到冲击。在小丑工作室，我们被鼓励着去出洋相、去冒险、去尝试，即便明知道自己不会成功。我们会被弄到舞台上，什么工具都没有，然后按照指示去做。每当这个时候，周围的沉寂让你无处可躲。如果我们花了太多时间去思考，老师就会敲鼓，告诉我们，我们搞砸了，该下台了。在这里，你没有躲入个人思绪的机会，也没有用俏皮话应对的机会。它要求你身心俱在，要求你绝对诚实，把本事亮出来，看看会发生什么。有时候，你灵感迸发，会取得相当好的效果，而有的时候，你会感到很痛苦，结果也不尽如人意。这并不要紧，要紧的是走到舞台上，尽管去做，不要去想，不要担心别人可能会怎么看你，甚至也不要执着于某个特定的结果，尽管去做就好。

在人生中，我们常常过分执着于仔细分析每个可能的结果，以至于常常错失机会。当然，有些事情是需要仔细思量的，但是在每一刻，活得越专注，我们的感觉就越好。无论你认为这是一种直觉、本能、冥冥中的指引，还是你仅仅觉得这样做是正确的，这都是一种不可思议的有益发现。

## 发现头脑空间

教别人冥想一直是令我激动的事，并且我这样做也是出于一种责任感，想要把我的师父们给予我的关怀以及对细节的关注传递给别人。在英国，我目睹过数次别人传授冥想的过程，讶异于任何人都可以从冥想中受益。在冥想从东方向西方传播的过程中，虽然承袭精神传统的僧尼十分小心地保持着高度敏感，然而在世俗世界中，人们做冥想的方式跟他们做其他事情的方式是一样的——都是匆匆忙忙，好像我们片刻也不能等地想要体验宁静的心境。所以，冥想技法被孤零零地剥离出来，脱离了“环境”。这使得人们根本就不可能学会这些技法。在你认识的人中，有多少人曾尝试过冥想，却又放弃了？更糟的是，在你认识的人中，又有多少人始终不肯尝试冥想，只因为他们觉得自己在这方面不擅长？他们甚至连冥想到底是什么都不知道，也没有人就如何掌握这些冥想技法传授过必要的指导，它又怎么可能会奏效呢？

你很快会发现，冥想并不等于每天静坐一段时间。虽然静坐确实是一个关键元素，但它只是更为宽广的心灵训练（包含三个要素，下文有具体说明）的一部分而已。你要同等对待心灵训练的每个要素，以便从冥想中获得最大的益处。一般情况下，修习冥想的学生先要学习如何

“接触”冥想技法，然后学习如何将这些技法融入自己的日常生活。

为了将冥想作为更宽广的心灵训练的一部分介绍给大众，我们在 2010 年的时候正式推出了头脑空间项目。我们的想法非常简单：向人们介绍冥想，使冥想成为现代生活中可触及的、与现代生活相关的事物。这里面没有乖僻的、古怪的东西，只有人们可以用来得到头脑空间的直截了当的方法。我们的想法还包括，让尽可能多的人尝试冥想，不仅仅是使他们阅读相关的内容，而且要使他们切实去做。在将来，他们每天会抽出 10 分钟坐下来获得一些头脑空间，这会变得跟出去散一会儿步一样稀松平常——毫无疑问，这一刻终会到来。10 年或者 15 年前，只要说起瑜伽，总会有人讥讽嘲笑，然而现在，去健身房上一堂瑜伽课已经变得跟做有氧运动一样，不再有人以此为怪（事实上，前者可能比后者还更平常）。

虽然我们花了数年时间去研究、规划和研发，才落实这个项目，但是从冥想技法的历史发展角度来看，这不过是一眨眼的时间而已。由师父到学生传承了数千年的冥想练习，对于改善、发展这些技法绰绰有余，更足以消除不足之处。在充满新奇事物和快消时尚的世界里，这种真实令人安心。正是这种真实使得我开始跟医生合作，开始修改冥想技法使之可以应用到医学上。也正是这种真实促使我开始私人执业，在担任临床正念顾问的那些年里，我见过饱受失眠、阳痿以及其他病症折磨的患者。

好吧，回到那个墙头——当时我趴着的地方，我最后看了一眼身后，便跳了出去。很遗憾以这种方式离开那个寺院，但是回顾那段经历时，我并不后悔去过那里。我所生活过或拜访过的每个寺院、静修中心和冥想中心都教给了我一些东西。事实上，在那些年间，我很荣幸地师从过一些非常棒的师父，他们是真正意义上的冥想大师。如果说本书字里行间存在着真正的智慧，那也完全来自他们。在我看来，本书最大的写作资本就是我在冥想训练过程中所犯过的每个错误，我希望自己能帮助你避免犯类似的错误。这就意味着，我会就如何有效地接触冥想、践行冥想、将冥想融入你的生活提出建议。随身携带地图是一回事，有人给你指路则完全是另一回事。

# 如何充分利用本书

冥想是一种奇妙的技能，它有改变我们人生的潜力，但是怎样运用这种技能，则取决于你自己。随着媒体对冥想和正念的报道越来越多，许多人似乎急于确定冥想的用途。事实上，你只有确定了如何用它，你才能确定它的用途。在学骑自行车的时候，你所了解的是如何骑车，而不是你要如何去运用骑车的能力。有些人把自行车视为出行工具，有些人用它跟朋友闲逛，还有极少数人可能以它为终身事业。对所有人来说，技能是一样的：安稳地坐在车座上，别掉下来。所以，虽然别人可以教你如何骑车，但骑车对你而言到底意味着什么，你要拿它做什么，以及它怎样才能最符合你的生活方式，这完全取决于你自己。冥想技能也是如此，你可以将它应用到生活中的任何方面，它的价值取决于你赋予它的价值。

为了充分利用本书，从冥想中获得最大的好处，你不必只选定你想要关注的生活的某个方面，至少在最初的时候不要这样做。冥想的适用范围远比这个广阔得多，随冥想而来的东西会不可避免地影响到你生活中最需要它的领域。了解他人如何利用冥想，以及充分了解冥想的潜能会给你带来帮助。对许多人来说，冥想是万能的压力克星，是心灵的“阿司匹林”。简而言之，冥想是每天获得一些头脑空间的一种方式。对有些人来说，冥想是采用正念这种广义方法的基石，是他们和每时每刻建立联系的良机。对另一些人来说，它可能是他们在计划获得更大程度的情绪稳定时个人发展规划中的一部分，或者是某种精神道路中的一部分。当然，有些人将冥想作为改善自己与伴侣、父母、朋友、同事之间关系的方式。

冥想还被用在更多更具体的方面。自从英国国家临床规范研究所（the UK National Institute for Clinical Excellence，也译为英国国家临床优化研究所）同意使用冥想（医学界称它为正念）以后，冥想被用来治疗各种与压力相关的症状，其中包括但不限于长期焦虑、抑郁、愤怒、依赖、强迫行为、失眠、肌肉紧张、性功能障碍和经前期综合征。

与医学治疗无关，为解决生活中某一具体方面的问题，许多人利用冥想在某一特定的学科、工作、爱好或运动方面获得优势（美国国家队的做法就是很好的范例）。最后，还有你想象不到的一点：冥想还曾被美国海军采用，从而使士兵在前线的时候更专注、更有效率。

## 冥想和心灵

冥想竟然有如此广泛的好处，也许你觉得有点儿难以置信，但是仔细想一想就会发现，你所做的任何需要用心的事情都能从冥想中受益，这就如同调整计算机硬盘的分区。难道有什么事是你不需要用心的吗？因此，考虑到心灵在我们生活中起到的重要作用，这场冥想引发的革命竟然没有更早发生，真是值得我们关注。我们不会对身体锻炼有丝毫踌躇（好吧，大多数情况下如此），却把心灵健康放在不起眼的位置。到底是因为没人能看到我们的心灵，还是因为我们觉得这是一场注定要失败的行动，这些并不重要。事实上，我们的整个生活都是通过心灵来体验的。我们的人生幸福感、满足感以及积极的人际关系都来自我们的内心。因此，每天花上几分钟来训练和养护我们的心灵吧！这才是明智的做法。

## 冥想是一种体验

冥想既是一项技能，又是一种体验。你只有去践行冥想，才能充分体会它的价值。冥想不是一个空洞的概念或抽象的哲学观念，相反，它是来自此刻的一种直接体验。冥想的用途取决于你，同样地，冥想体验也取决于你。试想，一个朋友在向你描述他在一家饭店吃过的一顿大餐。然后再想象一下你亲自去那里就餐。听别人描述食物和亲口品尝食物是完全不同的两码事，对不对？试想，你在读一本关于跳伞的书，无论你怎样回想作者的话，无论你怎样想象自己从3000多米的高空跳下，其体验都永远不可能跟真的从飞机上跳下、以每小时193千米的速度冲向地面相比。因此，要想理解冥想，你需要去践行冥想。

我相信，你肯定经历过：买一本新书，劲头十足，发誓要改变自己的人生，然而几天之后，又回到了旧有的习惯中，自己还疑惑到底哪里出了问题。坐在家里边读着瘦身书，边大口吃着巧克力、软糖、冰淇淋，这绝不会使你变瘦，同样地，你只思考本书的内容却不实践，这也不会使你得到头脑空间。关键在于，你需要切实去做，才能真正体验到冥想的好处，而且最好不要只做一两次。像去健身房一样，只有当你去健身并且经常锻炼的情况下，才能起到作用。事实上，只有在你把本书放下，切实地实践冥想技法时，真正的转变才会发生。变化是微妙的、无形的，然而也是深刻的。这种变化包括觉醒水平和理解能力的提高，从而不自觉地改变你对自身、对他人的感受。

然而，要想真的从本书中获得最大限度的好处，你需要知道，你听过或读过的关于冥想的一切，并非一定是对的。事实上，有些冥想沉思确实很棒。不过不幸的是，许多关于冥想的流行观念反而误导大多数人强化旧有的思维模式，阻碍思维的转变。就像对待老朋友一样，我们常常对这些观念迷恋不已，我们对它们十分熟悉，有它们在身边，我们会感到安心。要想真正有所改变，我们需要开明一些，需要有去调查研究的意愿。因此，我写这本书不是为了给你一个确定的答案，不是为了告诉你去相信什么以及如何思考，也不是为了解决你所有的问题，给你持久的幸福。相反，如果你肯投入进来试验一番，这有可能是一本彻底转变你的人生体验的书。

冥想不是让你变成一个不同的人、一个新人，甚至不是让你变成一个更好的人，它是关于觉醒训练的体验，让你理解你为什么会有那样的想法和感受，使你在训练的过程中培养健全的洞察力。只是在你这样做的过程中，你想要达成的人生转变会变得更容易实现。此外，它会告诉你如何与自己目前的这种状态、目前的这种感受和平相处。请你对此加以检验，不要单纯地因为科学家是这么说的，你就相信它会起作用。虽然关于冥想的研究很重要、很吸引人，但是如果你不直接去体验它所带来的好处，它对你来说就一文不值。因此，你需要以那些指导说明为参考，假以时日，保持耐心，才能体悟“十分钟冥想”会给你带来什么。

## 技法

在本书中，你会发现我们为了使你开始并坚持进行冥想修习而专门设计的具体练习。也许是一个只有两分钟的练习，向你介绍冥想的某个特定方面；也许是一个时长整整十分钟的练习，名为“十分钟冥想”；或者是一个正念练习，目的是使你对饮食、行走或锻炼等日常活动产生觉知；这里甚至有一个帮助你安睡一晚的练习。请记住，只有当你把本书放下，闭上眼睛冥想的时候，你才会感受到这些技法的真正好处。

## 故事

冥想指南总以故事的形式呈现，在本书中我沿用了这种写作惯例。故事会使复杂的概念变得容易理解，使易忘的指南容易被记住。本书的许多故事包含着我在冥想修习之路上产生过的误解、出现过的挣扎。确实，把自己在冥想过程中心情放松、平静或喜悦的时刻，以及冥想给我的生活带来的彻底积极的转变分享出来，的确是件轻松容易的事，然而真正重要的是，回顾我曾犯过的错误并将这些分享给你。因为犯错的时候正是学习的时候，正是因为这些相似的经历，我才能够帮助你获得一些头脑空间。

## 科学

最近这些年来，核磁共振技术的进步，再加上完善的脑电图软件，神经科学家现在能够以全新的方式观察大脑。这就意味着，科学家能够确切观察到在我们学习冥想时我们的大脑发生了什么，并能够确切知道长期修习冥想会带来哪些影响。最初的时候人们认为，在进行冥想时，只是大脑活动发生了变化，但是多项研究已经表明，大脑结构本身也发生了变化，这一过程被称为“神经可塑性”。因此，正如锻炼身体会使某块特定肌肉变得更厚实、更结实，用冥想对心灵进行训练会使大脑中与幸福快乐相关的区域变得更加“厚实”“结实”。

对许多人来说，这一新研究会使他们产生动力、备受鼓舞，并有助于增强他们的信心——在学习冥想的早期阶段尤为如此。正是出于这个原因，我在第 1 ～ 3 章的最后附上了一些研究结果。这些研究与这些章节尤其相关，与其他内容也有关系。

## 案例

除上述故事之外，本书（第 6 章）汇集了这些年来的许多案例。这些案例中，有些人是因为一些具体症状而被他们的医生转诊到我这里来的，但是更多的人之所以来到这里，只是因为他们想要在生活中获得更多的头脑空间。我在写作的时候得到了每个案例人物的允许，这些案例展示了日常冥想练习的力量和潜能，以及简易性。

## 日记和反馈

虽然冥想的关键在于放手，然而刚开始的时候记日记会对你很有意义。你可以利用本书的“线下日记”部分来记录自己的进展。我还建议你加入我们在 Facebook 上的头脑空间社区，在那里你可以分享你的体验，并询问问题。

## 正念和冥想的区别

说实话，一提起“冥想”这个词，你不免会想到缠着腰布在喜马拉雅山麓地带冥想的瑜伽修习者。或者，你可能会想到剃着光头的僧尼，坐在寺院里，吟诵经文，暮鼓晨钟，身着僧服，周身香雾缭绕。又或者，穿着扎染T恤欲仙欲狂的嬉皮士形象会浮现在你的脑海中。再或者，你会联想到一群新时代的狂热分子在树林里跑来跑去轮流去抱一两棵树的情景。不可否认，“冥想”这个词总会让人产生许多的联想。

多年前，当一些进步医生试图将冥想引入主流医学界时，在他们工作的医院里，他们遭到了各种嘲笑。为了不被抵制，他们将冥想改名为“正念”，并继续他们的研究。现在冥想以正念之名进入西方世界，虽然它源于佛教文化，但就本质而言它并不包含佛教元素。正念是大多数冥想技法的关键要素，它远不限于坐下来闭上眼睛。正念意味着心在当下，活在此刻，心神不乱。它意味着在自然的觉醒状态下安顿心灵，不带任何偏见或评判。这听起来很不错，不是吗？事实上，这与我们大多数人的生活状态相悖。我们的生活状态是，不断地被大大小小的想法和感受所困扰，不断地挑剔和评判自己以及他人。

通常情况下，只要我们过度纠结于那些微小的事物，我们就会开始犯错。至少对我来说，一直都是如此。这些错误会影响到我们在工作中的表现，影响到我们的人际关系，甚至会影响到我们银行账户里的盈亏底线。每当我思索正念的缺失时，我便会想起自己住在莫斯科的那段时间。我所工作的学校一向按美元给我结算工资，因为薪水相当丰厚，所以我可以每个月都存起来一些。当时，20世纪90年代末的金融危机刚过，人们不信任银行，要么把自己的钱藏在床垫下面，要么设法把钱一点点转移出国。我一直在为进入冥想静修中心存钱，从俄罗斯返回英国的时候，我决定把钱随身带上。

当时俄罗斯政府颁布了严格的法规，禁止人们把钱带出这个国家——最重要的规定是，你不准带走一点儿钱。所以，过海关时，我不得不把500美元放在内裤前面。当时，我穿着僧服站在那里，在内裤里塞了一沓钱。我忍不住有种罪恶感，即便我打算把钱花在静修上的初衷是好的。事实上，因为当时满脑子都是各种焦虑的想法，一门心思忙着练习自己的俄语以便应对海关人员，以至于当我去厕所的时候，我完全忘了内裤里的钱。

事情发生的时候，洗手间拥挤不堪，因为没有空闲的小便池，所以我就进了其中一个小隔间。厕所有点陈旧，前面用过的人又忘了冲厕所，细节我就不多说了。站在那里撩起僧服的时候，我还沉浸在自己的思绪和忧虑中。霎时间，我惊恐地发现，500 美元早已散落在便池里。不用说，假如当时我更专注些，不过分纠缠于那些思绪，这种事便不会发生。错就错在我当时走神了，而当你走神的时候，你也会出错。你也许想问我，后来怎么样了——我是任由那 500 美元漂在便池里，还是撸起袖子做了不可描述的事情呢？不说了，反正我后来去了那家静修中心。

正念意味着心在当下，意味着"活在此刻"，意味着在生活中直接体验它，而不是分心走神、纠结执迷、陷入沉思。在冥想中，你需要创建和保持的不是某种人为的或者暂时的心理状态。相反，你应该顺其自然，让心灵在自然状态下安定下来，免受日常杂务的干扰。你可以花一点儿时间想象一下，这样生活会是什么样子的。你可以想象一下，把所有的"包袱"、故事、争论、评价以及占据了太多心理空间的日程安排都放下，你的生活会是什么样子的。这就是正念的意旨。

在陷入沉思状态的生活后，你若想学会正念中的顺其自然，则需要具备一定的条件，以便发挥冥想的作用。

这没什么神秘的。冥想不过是一种为你练习正念技巧提供最佳条件的技法而已。

当然，你可以通过任何活动（不只是冥想）体验“心在当下”或者完全沉浸到此刻。事实上，在你之前的人生中，你早已多次体验过这种感觉。它也许发生在你滑雪从山顶疾驰而下的时候、骑自行车的时候，以及听着你最喜欢的音乐、跟你的孩子玩耍、欣赏日落的时候。这种感觉发生得太过于偶然和随意，因此，我们常常未能意识到它。不过，通过每天坐下来冥想，哪怕只是很短的时间，你会越来越熟悉那种“心在当下”、觉醒、活在此刻的感觉，并且更容易将它引入你生活中的其他方面。跟学习其他新技能一样，如果你想从正念中获得最大的益处，你需要给自己提供非常好的学习环境。事实上，冥想修习为学习正念提供了如此好的环境条件，以至于对许多人来说，这就是他们想要开始冥想的原因。仅仅是每天安定心灵 10 分钟，他们就会觉得足够了。

你并不一定能很轻易地理解正念和冥想的理念，以及二者之间的关系。因此，你可以试着这样想：想象自己正在学习开车，很可能最初的时候，你宁愿去安静的乡间大道，而不愿意上繁忙的高速公路。当然，你可以选择在哪条路上开车，但对于初学者而言，前者比后者容易得多。对正念来说也是如此。你可以在任何情况下出于任何理由用它，但是对于正念这种技能来说，最容易的“学习方式”便是冥想。有趣的是，即便在你有足够信心，觉得自己能够将正念应用到日常生活中时，你仍然有可能想要每天抽出一点儿时间去冥想一会儿。因为即便你是个车技精湛的司机，在安静的乡间大道上开车，总会感到一些令人慰藉甚至令人喜悦的东西，这是在高速公路上开车所无法比拟的。这还会使你有时间和空间去留意发生在你周围的事情，欣赏沿途的风景。

冥想和正念的区别也许听起来没那么重要，而且我们常常将两个词替换着用。除非你打算打包行李去当僧尼并开始一段新生活，否则二者之间的区别是非常重要的。因为只要你在山中静修中心以外的地方生活，那么你坐下来以非常正式的、有条理的方式进行冥想的时间总是非常有限的。我常听到人们说：“我没时间冥想，我很忙，我有太多事情要做，我压力太大！”从更广阔的背景来看，无论你身在何处以及在做什么，如果你能够随时随地对心灵进行训练和教化，那么突然之间，你会觉得冥想似乎是更容易实现的，至少听起来它更能与现代生活中你需要承担的各种责任和义务兼容。由此，本书对你而言成了一个无价的指南。它会告诉你如何继续在尘世生活的同时，日常抽出一点点时间进行冥想修习，这点儿时间一方面短到不会打乱你的日程表，另一方面又长到足以给你带来影响。它还会告诉你如何利用广义的“心灵训练”或者“正念”来转变你的日常体验。

我确定，“十分钟冥想”这个想法会让一些经验丰富的冥想者恐惧地举起手。如果你是这些人中的一个，那么我想，你可能觉得这种修习听起来好像一份提前做好的、微波即食的饭菜。其实如果你更严密地审视心灵训练，你会发现，“少时多次”这个理念是很有道理的。在冥想方法上，我们需要具备灵活性、适应性和响应力。能够安静地坐够一个小时固然很好，但是如果在这一个小时里，你并不能自始至终保持觉醒，那么你便不会从中得到益处。另外，一天中剩下的 23 个小时怎么办呢？跟人生中的许多事物一样，关于冥想，重要的是质量而非数量。从每天进行十分钟冥想开始，如果你发现这很容易，从而想要做更多，而且你也有时间，那当然很棒。冥想还有许多其他好处。就算不提这些年坊间流传的益处，我也有大量的科学依据（你会在本书中始终看到这种依据）证明，短暂的、有规律的、日常的冥想在健康方面的好处。

## 什么是头脑空间

如果说正念是你在做任何事情时心在当下、安定在当下的能力，而冥想是习得这种能力的最佳方法，那么“头脑空间”就可以被理解为它们的结果。此处我所说的头脑空间是尽可能从广义的层面来讲的。事实上，许多人也许会选择用“快乐”这个词来形容“头脑空间”。“快乐”这个词的问题在于，它往往会跟作为情感的“快乐”弄混。不要误解，开心和笑确实是生活中很美好的东西，谁不想体验更多呢？生活并不总是一帆风顺的，事情常常发生，而这种“事情”并不总是好事。虽然我们竭力忽略这一点，但事实是，生活有时候是非常艰难的、令人备感压力的、令人生气的，甚至是令人痛苦的。那种转瞬即逝的、完全取决于我们的境况和心情的“快乐”太短暂、太不稳定，因此不能给我们提供持久的宁静感或澄澈感。

这就是为什么我更喜欢用“头脑空间”这个词。这个词描述的是一种深层的宁静感、一种满足感、一种不可动摇的富足感，无关乎当时的情绪。头脑空间不是依赖于表面情感的心灵特性。这意味着，无论是在激动或大笑的时候，还是在悲伤或愤怒的时候，你都可以体验到这种状态。本质上来说，无论你正在经历什么，或心中有什么样的情感，它一直都在动。这就是为什么冥想让人感觉如此良好，哪怕是在第一次进行冥想的时候。它不一定会使你笑得前仰后合、乐不可支，但是它会让你有种深切的满足感。这是一种你知道一切都安好的状态，这种状态有时候真的能改变人生。

头脑空间和快乐这种情感之间的区别是非常大的。出于某些原因，我们总觉得快乐应该是人生的默认状态，并因此觉得，任何与之不同的事物都是错的。基于这种设想，我们往往会抗拒让我们不快乐的事物——身体上的、心理上的、情感上的。我们有时候会觉得，生活就像一项繁重的杂务，我们没完没了地挣扎着追求和保持快乐。我们沉浸于新体验（无论它是什么）所带来的短暂热度或愉悦。我们无论是用食物、衣服、汽车、亲密关系、工作，还是乡下的宁静来获取它，这些都不是重点。如果我们依赖这些事物来获取快乐，那么我们就会深陷其中。兴奋感消退之后，情况又会怎样呢？

对许多人来说，他们的整个人生围绕着对快乐的追求而展开。然而，在你认识的人中，有多少人是真正快乐的呢？我的意思是，在你认识的人中，有多少人有那种不可撼动的、深层的头脑空间呢？这种不断追求新鲜事物的短暂快乐能给你带来头脑空间吗？这就好像我们跑来跑去，脑中喋喋不休，追逐着短暂的快乐，却没有意识到所有这些噪声只会淹没我们固有的、待发现的、自然的头脑空间。

在印度游历期间，我遇到了一个名叫乔希的人。他是那种别人一见就会喜欢的人。有一天，在我等公交车的时候，他走过来与我闲谈。正如去过印度的人都会告诉你的那样，印度的公交车有时候需要等很久，山区里尤其如此。我们相谈甚欢，而且有几样共同的兴趣——最值得一提的就是冥想。在接下来的几个星期里，我们花了更多时间交谈，并分享了各自的体验。每天，乔希都会在对话中稍微提到一些自己的生活。

在我们相遇的几年前，乔希和他的妻子以及四个孩子一起生活。夫妻俩的父母都不富裕，因此他们一大家子人住在一起。乔希说，虽然那时候家里非常拥挤，但是大家非常快乐。然而，在生下第四个孩子后，他的妻子重返职场，上班后没多久，她不幸在一场车祸中罹难。岳父母、他们的第四个孩子当时和妻子在同一辆车上，车祸非常严重，车上的人全部丧生。直到现在，回想起乔希跟我讲这个故事的情景，我还是会忍不住流泪。他说，他难以承受那种痛苦，一度无法面对这个世界，唯一想做的事情就是退回自己的内心，躲在家里不出去。他的父母提醒他，他还有三个孩子，这三个孩子还需要他的关心和抚养，他们最需要的是一个能够随时提供帮助的父亲。因此，乔希投身到对三个孩子的照料中，只要有可能，他总是给予他们全身心的照顾。

几个月后，雨季到来了，随之而来的是当地的典型洪水，洪水滞流，疾病发病率急剧上升。跟村里的其他孩子一样，乔希的孩子病了，病得很严重。他的母亲情况也不容乐观。不到两个星期，他剩下的三个孩子和他的母亲都去世了。他的母亲之前身体一直很虚弱，去得很快，而孩子身体一度非常结实，但是没有结实到足以对抗那场疾病的程度。短短三个月的时间里，这个男人失去了他的妻子、母亲、所有孩子，以及岳父母。他的父亲是家中除他之外唯一的幸存者。因为无法在发生了那么多场悲剧的房子里继续生活下去，乔希搬去跟朋友住在一起。他的父亲，因为无法离开那个他常常称之为“家”的地方，留在那里照看房子。就在乔希搬走的几天后，他家的房子被烧毁了，而他的父亲一同陨灭。乔希说，他仍然不确定那到底是一场事故，还是父亲觉得自己再也撑不下去了。

与乔希一次次地交谈，我越来越为自己在人生中的抱怨、哀叹、牢骚感到羞愧——我羞愧于总希望一切能恰如自己所想，而一旦事与愿违，我就心生不满。我怎么可以为火车晚点、半夜被吵醒、与朋友意见不合而如此生气呢？我面前的这个人承受着我无法想象的痛苦，却仍然保持着超凡的冷静和风度。我问他，自从失去家人之后，他都做了些什么。他讲述了自己搬到这个新地方后发生的事。他说，没有家人，没有家，没有钱，这些迫使他对人生有了完全不同的看法。后来，他选择去一家冥想中心生活，他的大部分时间都在那里度过。我问他，他在冥想中心有没有改变他对过去那些事的看法。他回答说，那并没有改变他的感受，但是改变了他对这些情感的体验。他说，虽然他仍时常感到一种巨大的悲痛，但是相应的感知发生了变化。他觉得自己在这些想法和感受中找到了一个地方，在这个地方，有一种平和安宁之感。他还说，这种感觉是任何事物都无法夺走的，无论再发生什么事，他的心中永远存在这样一个可以让他皈依的地方。

这个例子也许有点极端，然而我们每个人在生活中不可避免地会面临很多挑战，遇到事与愿违的磨难（但愿它们不要像乔希的故事那样悲惨）。冥想乃至任何其他事物都无法改变这一事实。这就是生而为人必不可少的一部分，是在这个世界生活的必要经历。有时候，我们会遇到一些需要改变或被迫改变的外在境遇，而你需要巧妙地用正念来应对。说到你对这些境遇的想法和感受，你得承认，心灵在限定你的体验。这就是为什么对心灵进行训练是如此重要。通过改变你看待世界的方式，你会有效地改变你周围的这个世界。

我觉得，很多时候人们对冥想存有误解。人们似乎觉得，为了冥想修习，他们必须放弃自己的人生梦想和抱负，但其实根本不是这回事。“努力想去实现点儿什么”是人的固有本性，而且在人生中，拥有目标和方向是非常重要的。不过，如果非要问冥想可以带来哪些不同，那就是我们可以用它来认清自己的目标，用它给我们的目标提供支持。因为冥想修习会以非常直接的方式告诉你，持久的快乐和头脑空间并不取决于目标的实现。了解到这一点，你会活得更加自由自在，并对自己的人生目标更加自信，同时冥想还会使你对这个目标不过于执着——过于执着的结果是，一个意想不到的障碍或者令人不快的结果，它们都会让你心碎神伤。冥想为你带来的是一种微妙而深刻的观念转变。

## 我们对头脑空间的需求

你上一次坐下来，安静不动，不分心，不受电视、音乐、书籍、杂志、食物、电话、计算机、朋友、家人的打扰，没有任何你需要思考和解决的事情，是什么时候？如果你从未正视过冥想这类行为，那么我猜，你可能从来没有冥想过。即便刚躺到床上，我们也常常会陷入沉思。对许多人来说，完全什么都不做说好听一点是无聊，说不好听就是吓人。事实上，我们如此忙于填满所有的时间，以至于对于什么是平静和安定心灵，我们早已没了参照点。我们对“做事”上了瘾，甚至对“思考”都上了瘾。因此，刚开始平心静气地坐下来，会让我们觉得有点儿陌生。

## 练习1：无为

现在你就试试，待在你现在坐着的地方，把书合上并放到你的大腿上。你不必刻意坐到某个地方，只需轻轻闭上眼睛，静坐一两分钟。如果有很多思绪涌现出来，没关系，任由它们来去，你要体会静坐的感觉，什么都不要做，只需一两分钟。

你感觉怎么样？也许什么也不做会让你感到特别放松；也许你会觉得需要做点儿什么，哪怕只是在练习期间做点儿什么；也许你觉得有必要专注于某事，有以某种方式让自己忙起来的冲动。不要担心，这不是考试，在下文中我们讲冥想的时候，会有很多东西让你忙起来。我想哪怕在整个冥想的初始阶段，留意心中那些总想做点儿什么的习惯或欲望，也会给你带来好处。如果你没有体会到这种想要做点儿什么的冲动，那么你也许可以再试一次这个练习，但这一次，可以把时间拉长一些。

我不是说看电视、听音乐、喝饮料、买东西或者跟朋友一起玩有什么不对。相反，这些都是供我们消遣的事情。只是我们要认识到，它们帮助我们得到的只是暂时的快乐，而不是持久的头脑空间。你有没有过这种感受，即一天的工作结束后，因为心灵忙忙碌碌而有种恍惚的感觉？也许你决定在晚上“关掉”心灵，要看一会儿电视节目让自己感觉好一点儿。如果节目真的很好，以至于你完全被它所吸引，那么你也许会觉得是它让你摆脱了那些思绪，让你能休息一会儿。如果节目无趣，或者有许多广告，那么它反倒会创造出足够的空间，使得那些想法在这些空间里不时地起伏。无论是哪一种情况，当节目结束的时候，所有这些想法和感受很可能都会重新席卷而来。不错，它们再回来的时候也许强度会稍弱了些，但是它们很可能依然会隐于幕后。

大多数人的生活就是这样度过的，从一个分心物转向另一个分心物。工作的时候，他们会太忙、太分心，而注意不到自己的真实感受，因此，当他们回到家的时候，突然会有很多想法涌现出来。如果他们设法在晚上依旧保持忙碌，那么直到睡觉时，他们也许才会觉察到这些想法。此时，你的头枕在枕头上，而大脑好像突然开始超速运转。当然，这些想法一直都在那里，只是没有任何让人分心的事物，你终于觉察到它们的存在。有些人的社交生活或者家庭生活是如此繁忙，以至于他们要到工作的时候才会觉察到自己有多疲惫，觉察到有那么多想法在自己大脑里横冲直撞。

所有这些分心事物都会影响到我们的专注能力，影响到我们的表现，而且使我们无法达到最佳的生活状态。无须多言，如果心灵中总是有很多想法在横冲直撞，我们的专注能力就会严重受损。

### 练习 2：感觉

请你再抽出两分钟的时间来做一下这个小练

习。跟之前一样，你坐在现在的位置上别动。你把书放到自己的大腿上，然后慢慢地把注意力集中到某种躯体感觉上，最好是听觉或者视觉上。我建议你倾听周围的声音，闭上眼睛，但是这类声音有时候有点儿难以捕捉，因此，你也许更喜欢睁着眼睛，盯着房间中的某个特定物品。无论你选择哪种感觉，试着尽可能长时间地专注于它，但是要以非常轻松、非常自在的方式。如果你被自己的想法或者其他躯体感觉分了神，只需把自己的注意力转回到你之前专注的那个物体上，一如既往。

你觉得怎么样？你是能够非常轻松地专注于这个物体上，还是发现自己的注意力不停地偏移到其他想法上去呢？在你分神之前，你的注意力集中了多久？也许你发现，你能够维持一点模糊的觉醒意识，同时却想着其他事物。虽然这听起来是不太可能的事，但是对许多人来说，专注于某个物体上能维持一分钟都相当了不起。在思考自己需要多久才能集中注意力到自己的工作、照看家人、聆听朋友心声甚至是开车上时，一想到自己只能集中这么短的时间，你也许就会特别忧虑。

## 被科技“劫持”的人

似乎我们还没有足够多的办法以便心灵休憩，而现在我们手机上又有了电子邮件和社交媒体，所以我们现在真是可以一天到晚分神分心了。虽然科技使生活变得很方便，然而这也意味着，哪怕最轻微的无聊或者焦虑烦躁都会促使我们上网，使自己保持忙碌。花一点儿时间想想，你每天做的第一件事是什么，查看自己的邮件，或者在 Facebook 上发信息、与朋友互动，又或者通过 Twitter 与同事交流吗？在晚上睡觉之前，你做的最后一件事又是什么？如果研究结果无误，那么无论是在一天开始的时候，还是在一天结束的时候，你极有可能至少在做上述的某一件事。如果你一直保持网络在线状态，那么切掉电源会令你非常难以忍受。

我读过一篇报道：一个对科技上瘾的男人，因为非常害怕自己可能会错过某些重要的事情，或者因为没有及时回复而得罪别人，他连睡觉的时候都把自己的智能手机放在胸口上。不仅如此，他还把笔记本电脑带到床上，睡觉的时候把它放在身边。这可是一个与妻子共眠的已婚男人（至少当时是如此）。令人讽刺的是，他的生活充斥着大量的电子信息，纵使他把电脑都带到床上，他还是错过了一封邮件，在那封邮件里有人出价 130 万美元来购买他所出售的公司。这个例子可能有点儿极端，但是几乎我认识的每个人都抱怨电子信息的入侵让他们喘不过气来。出家为僧的时候，我常常想："关掉电子设备，别用它不就行了。"但是在世俗世界中生活，再加上工作中要用到这些东西，我发现，不是关掉或者不理那么简单。因此，不要试图阻止或者改变它，而是要尝试巧妙地理解它，不要让自己被压得喘不过气。

## 心灵训练的基本原则

让我们回归心灵训练的基本原则，正念不会要求你改变任何东西。在心灵不断觉醒的过程中，你也许会对自己的外部生活做出部分改变，但是这完全取决于你个人。

你并不需要放弃一切，也不需要以某种激进的方式改变自己的生活。剧烈的转变一般无法持久，而正念的生活恰恰要实现持久。你可以继续像以前一样生活，如果那就是你想要的生活。正念的要旨是学习改变你对生活方式的体验，带着一种深层的满足感以原有的方式生活。而这个时候，如果你想要做出一些改变，那当然可以随心更改。正念的生活方式在于，你所做出的任何改变都是可持续的。

## 压力

过着如此繁忙的生活、扛着如此多的责任、做着如此艰难的抉择，后果是我们的身体和心灵一直在超时工作。我所认识的许多人都说，即便在晚上睡觉的时候，大脑中的“齿轮”好像也在不停地转动。难怪随着生活变得越来越复杂，与压力相关的疾病也在增加。根据英国国家统计局的数据，焦虑、抑郁、烦躁、成瘾和强迫行为在最近这些年变得越来越普遍，身体随之出现常见的压力症状，比如疲乏、高血压、失眠。

来我诊所就诊的患者的病因五花八门，然而迄今为止，压力是最常见的症状。有些人是未经别人提醒自己来的；有些人是经伴侣、家人或朋友提醒后过来的；有些人的症状太糟了，他们是其医生转诊到我这里来的。大多数情况下，来的都是些想要更好地应对生活的普通人，他们也许是因为在工作中感到了压力，也许是被家庭生活弄得喘不过气，也许是厌倦了强迫性的思考，也许是不断地给自己或他人带来了伤害。他们中的大部分人只是想要在生活中多一点儿头脑空间。事实上，在我针对这些人做个案研究时，他们非常爽快地同意我把他们的经历分享给大家。

压力有时候会促使我们做出各种滑稽的事情。它会使我们说出后悔话，做出后悔事。它影响着我们的自我感觉，影响着我们与他人互动的方式。当然，一定程度的压力或挑战会使我们感到充实，有助于我们实现某个目标，但在很多时候，它会与其他形式的（负面）压力交织在一起，让我们连对人生的意义都产生怀疑。由此无论发生什么，始终与这种深层的满足感和幸福感保持联系，对心灵进行训练，才会变得如此重要，带来如此深远的影响。头脑空间的意义就在这里。

# 人际关系

毫无疑问，正念会帮助你获得一些头脑空间，会给你的人生带来影响，这也许就是你开始读本书的原因。对心灵进行正念训练还有另外一个充足的理由，即无论我们喜不喜欢，我们总是与他人共同生活在这个世界。除非我们像山中独居的瑜伽修习者或隐士一样生活，否则我们总得跟他人打交道。因此，谁会从你日益增多的头脑空间中获得最大的益处呢？是你，还是你周围的人呢？我们可以大胆地说，如果你因为修习正念并且每天进行冥想而更轻松，那么你与他人的互动方式也会变得更加积极。

人际关系也许是心灵训练中最常被忽视的一个方面。出于某些原因，从东方传到西方后，冥想迅速成了只属于自己的事。虽然刚开始的时候这也许确实难以避免，但重要的是，随着时光流逝，我们现在已经打算把它变成一种更加利他的训练。我想，如果你的注意力总是集中在自己的问题上，那么你的人生可能会面临更多挣扎，因为这是我们生而为人的固有倾向。我们喜欢执迷，喜欢反复思考，喜欢没完没了地分析。好吧，就算我们并不是真的喜欢这样做，但是我们有时候的确会感到无法自拔，对吗？你在考虑别人的问题时是怎么做的，内心的挣扎天性发生了变化，对不对？没错，在想到别人的困难的时候，你也许会悲伤或生气，但是这跟执着于自己的问题时的感受完全不一样。心灵训练的重点在于，改变你的观念，使你少关注自己的忧虑，更多地关注他人的福祉，从而你可以为自己创造出更多的头脑空间。不仅如此，你的心灵也会变得更柔软、更有适应性、更容易与人相处。你会更快地选择冥想对象，冥想的时候也会更不容易被来来去去的想法转移注意力。你的心灵会更容易摆脱情绪波动带来的影响，它会变得更稳定、更不容易与波动的情绪产生反应。因此，在修习的时候利他会比单纯做正确的事情带来更多的好处。

正念会给人际关系带来非常深远的影响。在变得对一切事物更加觉醒的过程中，你不可避免地会对他人更觉醒。你会开始注意到，你有时候无意（甚至有意）地管了别人的闲事，或者注意到是什么促使他们管了你的闲事。你会开始倾听他们说的话，而不是总让他们说你想听的话，或者总去想你自己接下来要说什么。当这一切开始发生的时候，你会注意到，你跟他人之间的关系真的开始发生变化。然而，只要我们还一味地沉浸在自己的想法中，我们就很难抽出时间来关注他人。

## 心灵训练的三要素

一般来说，冥想修习从来就不是孤立的，它是更为广大的心灵训练系统的一部分。具体而言，练习冥想只是心灵训练的第二个要素。心灵训练的第一个要素是理解如何接触冥想技法，这就意味着你要先发现心灵的动态，了解你在实践这种技法时心灵可能会如何表现。只有这样，你才能触及真正的冥想技法。第三个要素在于，在对冥想技法有了一定程度的熟悉之后，如何将心灵的这种特性整合融入日常生活。在冥想传入西方的热潮中，第一个和第三个要素在很大程度上被忽略了。“拼图”中缺了这么两块，冥想的精髓也就丧失了。冥想从原有的环境中被孤立出来，因此它的有效性降低了，它对你的日常生活的影响力也大打折扣。难怪人们这些年来在冥想修习方面如此挣扎了。因为冥想要想真正起作用，人们要想从这些技法中得到最大限度的好处，三个要素必须同时存在：如何接触冥想技法，如何练习这些技法，以及如何以最佳的方法将这些技法整合起来。

在这块“拼图”中，三个要素同等重要，没有哪个最重要。试想，有人请你照看一辆老爷车。现在的问题是，你以前从来没有开过车，也从来没有上过任何驾驶课，而这辆车如此不同寻常、如此罕见，你甚至都不确定那些踏板、手柄、按钮的功能。接触冥想就好比学习开车。你不需要理解阀盖下的所有机械原理，但是你需要知道如何操作那些踏板、手柄和按钮。你还需要习惯车的动力，了解你在行驶时的定位，然后，你还得习惯你周围其他车子的不可预测性。这就是接触。

它不是普通的车，而是一辆老爷车，你需要时不时地激活它以便维持正常状态，在下一次你需要开它的时候它能够处于最优状态。如果你对老爷车不熟悉，那么你可能会觉得这些话有点儿奇怪，但以前的检查就是这样，你就坐在那里，不用真的把车开出来，让发动机空转着，听着那隆隆声，从而熟悉它的声音，熟悉它所带来的感觉。每日冥想亦是如此。这就是练习。

然而，如果你从来都不开车，那么有车有什么用呢？冥想也是这样。学习冥想不是为了让你能够闭上眼睛躺在那里打发时间，而是为了将我们对觉醒的熟悉感融入生活中的其他方面。这就是整合。

这就意味着，利用冥想的方式有两种。第一种是“阿司匹林法”，我喜欢这样称呼它。我们出门去，忙忙碌碌，备感压力，之后我们需要一些东西来让自己感觉好一点儿，于是我们就做一会儿冥想。我们感觉好一点儿了，感觉精神焕发了，便再次走出去，再次忙忙碌碌，再次颇感压力，直到后来我们再次需要一些东西来让自己感觉好一点儿。这种方法没什么错——事实上，你也许能从中得到相当多的头脑空间，但是跟第二种方法相比，你所得到的头脑空间是有限的。第二种方法是把心灵的这种特性融入你的余生。

大多数人每天只能为静坐冥想抽出一点点时间。正念的时间优势在于，它不需要你再抽出时间，也不需要你改变自己的日常安排。事实上，你完全可以继续做你正在做的事情。正念并不在于你正在做什么，而在于你在做这些事情的时候如何管理自己的心灵。

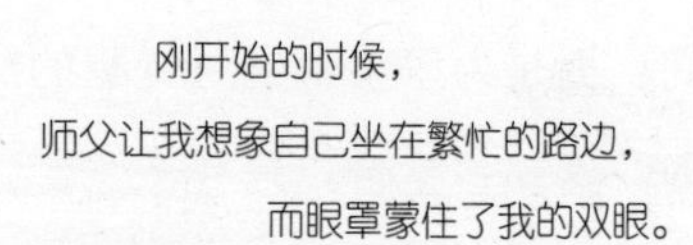

刚开始的时候，

师父让我想象自己坐在繁忙的路边，

而眼罩蒙住了我的双眼。

“现在，”他对我说，“也许你可以听到周遭的噪声，听到汽车嗖嗖驶去的声音，但是你看不到，因为你的眼睛被遮住了，对吗？”

“现在，你想象一下把眼罩摘掉，”他继续说道，“你第一次清楚地看到这条‘路’，也就是你的心灵。你看到车子飞驰而过，看到不同的颜色、形状和尺寸。”

# 接 第①章 触

“也许有时候你会被汽车的声音所吸引，
而有的时候又会对它们的外观更感兴趣，
这就是你最初摘掉眼罩时的状态。”

# 冥想和想法

在动身前往我去的第一家寺院时，我深信冥想就是停止思考。我听闻，“静而空”的心灵状态是可以通过冥想实现的，我迫切地想试一试。没错，在此之前，我已经对它有过一点了解，但是我把它视为某种永无休止的状态，它好似一个充盈着空气的气泡，而外界的任何不快都无法进入这个气泡。我设想，进入这种状态后，我便可以摆脱所有想法、所有感受。我不知道自己当时怎么会觉得人能够在完全脱离想法或感受的情况下生活，但是我刚开始接触冥想的时候就是这么想的。我努力想要制造出这样一个气泡，想要达到这种心灵状态，即这种我当时觉得我需要通过“适当”的冥想达到的状态。这也许是我们对冥想的常见误解。

在第一家寺院期间，我得到了很好的指导，但他们对我进行指导的某些方式反而强化了我对冥想的许多错误观念。每天我都会去找我的师父，跟他说我在冥想方面的进展，跟他说有许多想法在我的脑中飞驰，还说无论我怎样尝试，这些思绪就是不能停止。每天他都会告诉我，要更加警醒，要更加努力，在这些想法出现的时候捕捉到它们。结果我很快就变得精神紧张。我“警惕”地坐在那里，一小时又一小时。那感觉就像在游乐场里玩打地鼠游戏，时刻等待着下一个想法出现，以便即刻跳起来消灭它。

每天进行18个小时的冥想，睡眠时间只有大约3个小时，所以没过多久，我就精疲力竭了。我常常会坐在那里，竭力想要成就点儿什么，什么都行！每多付出一点努力，我反而背离我想要追求的事物更远。本地来的其他僧人看起来都非常放松。事实上，还有几个好像经常打盹儿。我得说一句，虽然打盹儿显然不是冥想的目的，但是如果你像我那样逼迫自己，睡意确实让人难以抗拒。

过了一段时间之后，我的师父意识到我太过用力了，让我少用点儿力。可是，我已经习惯了在每件事上都用力过度，哪怕是在少用心力这件事上也是如此。这种挣扎持续了一段时间，直到后来我很幸运地碰上了另一个师父，他似乎在讲故事方面有一种天赋，对他讲的东西我很容易就能够理解。他对我说的话令我十分震惊，因为他对冥想的描述跟我以前所设想的完全不同。

## ※ 道路

刚开始的时候，师父让我想象自己坐在繁忙的路边，而眼罩蒙住了我的双眼。“现在，”他对我说，“也许你可以听到周遭的噪声，听到汽车嗖嗖驶去的声音，但是你看不到，因为你的眼睛被遮住了，对吗？”我想象着自己坐在一条机动车道道旁，边上长满青草（恰巧是沼泽植物），赞同地点点头。“那么，”他继续说道，“在你开始冥想之前，感觉会跟这个场景有点相似。因为心灵充斥着噪声和各种想法，所以哪怕在你坐下来开始放松，或者晚上上床睡觉的时候，你仍然会觉得这种噪声萦绕在耳旁，对不对？”这几乎无可辩驳，因为感觉确实是我的心灵中始终有噪声，或者始终有种不安，哪怕在我对这一个个的想法缺乏清醒认知时也是如此。

“现在，你想象一下把眼罩摘掉，”他继续说道，“你第一次清楚地看到这条‘路’，也就是你的心灵。你看到车子飞驰而过，看到不同的颜色、形状和尺寸。也许有时候你会被汽车的声音所吸引，而有的时候又会对它们的外观更感兴趣，这就是你最初摘掉眼罩时的状态。”他开始自顾自地笑起来。“你知道，”他说，“有时候，也就是在这个阶段，有些学习冥想的人会说出非常搞笑的话。他们开始把自己的想法和感受怪在冥想头上。”他问道：“你能相信吗？他们跑到我这里，跟我说自己不知道发生了什么，不知道所有这些想法都是从哪里来的，他们平常从未有过这么多想法，肯定是冥想使他们想的，好像冥想使他们的状况更糟了。”然后他又开始给我解释，他的笑声随之消失了。

“所以，你要明白的第一件事是，冥想不是思考！它所做的不过是将一道明亮的光照耀在你的心灵上，所以你才更清楚地看到一切。这道明亮的光就是觉醒。你也许不喜欢灯光打开时你所看到的东西，但是冥想会清晰而准确地反映你的心灵每天都在做的事情。”我坐在那里，思考他的话。至少在一件事上，他显然是对的——自从开始冥想之后，我就一直把自己心灵中的那种状态怪在冥想头上。我难以相信自己的心灵竟然一直都真的是那种状态。或者说，我至少是不愿相信这一点的。我想自己是不是压根儿就没救了，也许冥想再久都帮不到我。不过，后来我发现，这是一种常见得令人惊讶的感受，因此，如果你也有这种感觉，请把心放下来。

我的师父似乎感觉到我在想什么，他打断了我的思绪。“这就是心灵一开始的样子，”他静静地说，“不仅你的心灵如此，每个人的心灵都是这样。这就是为什么对心灵进行训练是如此重要。当你意识到心灵的这种混乱状态的时候，你很难知道该对它做些什么。有些人难免会惊慌失措。有时候，人们会试图通过外力阻止这些想法，而有的时候，他们会试着忽略它们，去想些别的事情。或者，如果这些想法很有趣，他们也许会努力助长它们，并参与其中。事实上，所有这些都不过是竭力逃避现实的方法而已。回想到刚才那条繁忙的路，这种做法无异于从路边站起来，在车子间跑来跑去，试图控制交通。”他停顿了一会儿，笑道："这是一种相当危险的策略。"

听起来是不是很熟悉？他又一次说对了。这正是我一直以来做的事情，而非只在冥想期间做的事。这些话大体上概括了我的生活状态。我一直试图控制一切。坐着冥想的时候，眼前看到的心灵中的混乱状态只让我习惯性地忍不住想跳起来，掌控一切，解决一切。当这种做法不起作用的时候，我就加倍努力。这不就是我们小的时候，别人跟我们说的"一定要更努力一些"吗？所以我就更加努力。我后来发现，没有一种外力能够给你带来宁静的感觉。

我的师父提出了一条建议："我有个主意——不要在车子中间跑来跑去，试图控制一切。何不在你原来的地方待一会儿呢？接下来会发生什么？如果你只待在路边，只看着车来车往，那会怎样？也许当时正是上班高峰期，路上满是车辆；也许当时正值午夜，路上没几辆车。无论是哪种状态，其实并不重要。重要的是，你要习惯于停留在路边，坐看车来车往。"我觉得"坐看想法来来去去"是很容易的，于是这次，我真的迫不及待地想回到自己的冥想垫子上去。

“如果你以这种方式开始冥想，你会注意到自己的观念发生了转变。当你退后一步，与这些想法和感受保持距离时，你会有种豁朗感。你也许会感觉好像你不过就是一个观察者，观看这些想法（车辆）来了又去。有时候，也许你看着看着就忘了，”他笑道，“当你觉察到这点的时候，你早已跟着一辆漂亮的车顺着路跑下去了。当你感受到一个令人愉快的想法时，你看到了它，对它入了迷，最后跟着它走了。”他这时候开始放声大笑，因为他想象着我追车的样子。“然后突然之间，你意识到自己在做什么，就在那时，你便有机会重新回到路边坐着。有的时候，你也许会看到有你不喜欢的车过来，也许是一辆生锈的旧车（令人不快的想法）。你无疑会冲过去，跑到路上，想要阻止它。你也许会竭力抗拒这种感受或想法，然后在你意识到自己需要回到路边之前，你可能会跟它僵持一段时间。就在你意识到要回去的那一刻，你就有了再回到路边的机会。”他继续说道，现在他的语气变得沉着从容了。“随着时间推移，这个过程会变得更加容易。你不会再频繁地跑到路上，你会发现自己越来越容易安心地坐在路边，观察着想法来了又去。这就是冥想的过程。”

这种类比真的很值得花些时间慢慢想想。当时我坐在那里，思考着他说的话。他的话很有道理，至少理论上如此，但是我感觉有点不对。如果我只坐在那里做这些想法的观察者，那么谁去思考呢？很明显，我不可能同时做这两件事。“你的想法是自发的，”他解释道，“当然，如果你想要思考某些事情，你也可以这样做，你有能力反思，有能力记住它们，你还能设想未来，并想象未来会是什么样子。当你坐着冥想的时候，或者在街上走的时候，或者坐在桌旁想读书的时候，那些‘突然出现在’你脑子里的想法是怎样的呢？你并不是有意把它们带到脑中的，对不对？它们是自己来的。前一分钟你还在读书，后一分钟关于某个老朋友的想法‘突然出现在’你的脑海中。你很久没想起过这个老朋友了，你并未有意识地把他带到你的脑海中，然而突然之间，他就在那里了！”这显然是我体验过很多次的事情。我不知道你有没有遇见过这样的事情，但是我经常碰到。例如我读一本书，读到了某一页的底部，却突然发现一个字都没有读进去。不可避免的是，在读书的过程中，时常在我无意识的情况下有个想法突然出现，而我走了神。

他继续说道："这些我们非常努力想要压制、想要去除、想要完全制止的想法，很大程度上是突然自动出现的，对不对？我们倾向于觉得自己控制着大脑，控制着思维的转换，但如果这一切是可行的，你就不会绕半个世界跑到这里来寻求我的建议了。"他指着我，半开玩笑地笑着。"事实上，如果你能控制住自己的想法，那么你就没理由感到有压力了。你就会阻挡住所有那些令人不快的想法，与所有那些令你开心的想法和平共处。"他那样解释的时候，一切听起来理所当然，我简直难以置信。这几乎就像是我已经在某种程度上对其有所了解，只是忘了把这种理念应用到自己的生活中而已。我问道："那么那些有益的想法该如何呢？那些创造性的想法、那些对于解决问题而言必要的想法又该如何呢？"

"我并没有说所有的想法都是坏的。我们需要具备思考能力，这样我们才能活下去。思考是心灵的固有属性。跟修路以便行车一样，心灵是为了体验想法和感受而存在的。不要错误地认为所有的想法都是坏的。我们只需要知道如何与各种想法相处。你需要问自己的是，你有多少想法是有益的、有价值的，又有多少是无益的、没有价值的。只有你自己知道这个问题的答案。既然你不远千里来到这里找到我，那么我想，你的思考一定时不时给你带来问题，或者是其中一些想法也许不那么有益。”我们对此并无争议。我的确有许多想法是属于“无益而且没有价值”这一类的。“如果你担心失去那些创造性的想法，”他打了个不容置疑的手势，“那么你觉得它们最初是从哪里来的呢？这些灵感是在你做冷静而理性的思考时出现的，还是在心灵宁静、豁朗的时候产生的？心灵总处于忙碌状态的时候，这些想法是没有产生的空间的，因此，通过训练你的心灵，你其实会为这些创造性想法的产生提供更多的空间。重点在于，不要成为自己心灵的奴隶。如果你想要管理你的心灵，好好地利用它，那很好，但是如果心灵处于混乱状态，既没有方向又不稳定，它又能派上什么用场呢？”

在谢谢师父为我抽出时间之后，我返回到自己的房间，仔细思考我们刚才讨论过的一切，每一点都很重要。对我来说，这是一种完全不同的接触冥想的方式，我想对你来说可能也是如此。在那短暂的会晤中，我了解到，在正念环境中，冥想不是要去阻止想法、控制心灵。它是一个过程，在这个过程中，我们放弃控制，不插手，不介入，学会以被动的方式集中注意力，同时将心灵安放在它自有的、自然的觉醒中。我的师父解释说，冥想是一种技能、一种艺术，他知道如何不插手和不介入，知道不要沉入没完没了的、毫无价值的、常常令人颇感压力的思想之域。我认识到，这些想法是自发的，而且没有什么外力能够阻止它们的出现。

在接下来的几个星期里，我对冥想变得越来越有热情。这种进入冥想的新技法就像是天启，几乎在我第一次尝试的时候就发挥了重要作用。当然，有时候我会忘了，又退回到自己旧有的习惯上去，但是慢慢地这些新的想法开始生根。有时候心灵仍然会很忙碌，正如我的师父曾预言的那样，但是其他时候，它会变得特别宁静，就好像路上的汽车数量已经降低到我能够比以前更清楚地看到每辆车的地步。不仅如此，这些汽车之间的距离也远得多，空间也宽大得多。事实上，有时候路上好像根本就没有车。正是在那时，我终于理解了我在学习冥想的过程中所经历的那种困惑。我一直觉得我要做到“没有想法”或创造“空白空间”。然而结果发现，这些时刻不是从做中产生的，只有你对内心想法不介入不插手，容许心灵以自己的节奏、自己的方式展开，你才能找到真正的头脑空间。

## ※ 蓝色的天空

那么，在投入一项旨在“做些什么”的活动时，你如何能“什么都不做”呢？尽管他人给了我各种建议，但我仍时时觉得很难做到。诚然，在路边坐一会儿的确没关系，但是不久我就发现自己希望尽快取得更多进展。很难相信宁静感竟然不足以满足我，但是我真的想要更多，我想要洞察力。虽然那些想法开始安定下来了，但我仍有很多平常的情绪化的东西。无论是沮丧感、忧虑感还是疑虑感，这些情绪似乎总时不时地笼罩在我的冥想体验中。我还发现，我很难相信这样被动的冥想接触真的能够给我带来长久的改变。在寺院里体验宁静感是一回事，设想着它在日常生活的混乱中起作用则是另一回事。又过了好几个月，我才再次有机会见到寺院里的那位颇有资历的师父，在遇到他的时候，我问他能不能帮我解决一个对我来说越来越大的障碍。

“想象出一片蓝色的天空，”他开始说道，“感觉很好，对不对？如果天空那样蓝，我们很难会感到情绪低落。”他停顿了一下，好像在感恩这种意象给心灵带来的空间。“现在，把你的心灵想象成这片蓝色的天空。我指的不是那些想法、困惑和狂乱，”他轻声笑着说，“而是心灵的深层实质，以及自然的状态。”我想了一会儿。想象出一片蓝色的天空是一回事，但是想象它代表着自己的心灵，那就完全是另一回事了。那时候我的心灵并不澄澈，有的只是满满的想法和混乱的情绪。“你的心里目前是否真有一片蓝色的天空并不重要，”他说，“只要‘想象’一下，设想情况是这样就好了。事实上，如果回想一下你上一次感到非常开心、非常放松时的情形，这也许就不难想象了。”他说的没错。当我回想自己人生中某个快乐时刻的时候，其实就很容易想象了。你自己也可以尝试一下。

“好了，”他说，“现在，你想象一个布满阴云的日子，没有蓝色的天空，只有大片阴沉沉的云。”他说得很慢，一个字、一个字地，好像在强调他说的话。“这会给你带来什么感受？”他仍然笑道，“感觉不太好，对吗？现在，设想这些云就是你心里的想法，想象一下，它们有时候蓬松柔软、洁白无瑕，看起来非常令人愉快，然而有时候，它们又是那样阴沉黑暗。云的颜色就反映着你在某个时候的感受或心情。”没错，有很多令人愉快的想法在我脑子里打转的时候，即出现的是“蓬松洁白的云”时，我并不为心灵的繁忙感到困扰，除非我努力想去研究它们——那样的话，我有时候也确实会为其挣扎。如果心中的想法令人不快，即出现“阴沉沉的云”时，我就会开始感到非常难受。

真正引起我的共鸣，而且我希望你在未来很长一段时间也能记住的是他接下来讲的这番话。“在来这家寺院的途中，你一定坐过飞机吧?”他问道，显然很清楚答案是什么。我点头。他问我:“你离开的时候是阴云密布吗?”我笑着回答道:“英国总是阴云密布。”“那么，”他说，“你知道，如果你坐上飞机，从那些云的一端穿过，另一端就没有阴云，而只有蓝色的天空了。就算有大片阴沉沉的乌云，蓝色的天空也始终存在。”不可否认，他说得没错，毕竟那些年里我飞过很多次。“因此，”他耸耸肩又说道，“天空总是蓝的。”他自顾自地笑起来，好像我需要知道的都在这句话里——从某种程度上来说，确实如此。

我回到自己的房间，思索刚才听到的那番话的意义。我得到了这样一种理念：天空总是蓝的。云相当于我们的思想，当心灵忙于这些想法的时候，蓝色的天空就暂时被遮蔽了。从我自身的情况来看，我的心灵一直如此忙于各种想法，忙碌的时间又如此之长，以至于我几乎忘了蓝色的天空到底是什么样了。不仅如此，那番话的意义更在于：无论我们感受如何，心灵的深层本质就像蓝色的天空一样，并没有发生变化。当我们因为某种原因心情不好或者感到痛苦的时候，云会变得更加阴沉，更令人烦扰。也许整个天空中只有那么一个想法，然而它似乎带走了我们全部的注意力。

这一课对你我而言如此重要，由此我发现，我一直误以为蓝色的天空是需要自己去创造的。我一直以为，要想体验到头脑空间，我需要促使某事发生，事实却是我不需要创造任何东西。蓝色的天空就是头脑空间，它始终在那里——毋宁说，在这里。这堂课令我豁然开朗。冥想不是需要努力去创造一种人为的心境——我一直都把头脑空间当成这种心境。冥想不是努力把阴云赶走，而是：搬把椅子到花园里，坐看云卷云舒。有时候，蓝色的天空会穿过阴云展露出来，令人备感美好。如果我能耐心地坐在那里，不过分执着于那些阴云，那么蓝色的天空会显露得更多。一切都好像是自发产生的，并不需要我做任何事情。以这种方式来看云，使我有了新的视角，有了一种我未曾在冥想中感受过的豁朗感。然而不只如此，它还给了我坐下来把心灵安放在自然状态的信心，不挣扎，不干涉，顺其自然。

当然，听我跟你说这一切固然很好，但是除非你亲身体验，否则你也许感受不到这些重大意义。你可以抽出点时间，想象自己拥有自由和豁朗感，想象不再为心灵中有那么多或那么强烈的想法而困扰的感觉。最重要的是，你可以想象心中有一片始终宁静、始终澄澈的区域，想象心中有一片你随时都可以依归的地方，想象无论生活中发生什么事，心中都始终有一种安心感或安定感。

## 练习 3：躯体感觉

你可以把书放下几分钟，尝试一下这个简短的练习。在这里我们的理念是无论心里压着什么事，我们都能保持平静。无论前一刻你的注意力集中在声音还是图像上，这一刻，请你把注意力集中到你的某种躯体感觉上。这种感觉可以是你的身体压在椅子上的感觉，也可以是脚掌踩在地板上的感觉，甚至可以是你的手放在书上的感觉。像这样把注意力集中在类似的触觉上，其好处在于，这种躯体感觉是明确的、可觉知的，但是你也许会发现，心灵仍是凌乱如麻的。如果你确实感受到心灵的忙碌，或者感受到某种强烈的情感，请回忆“蓝色的天空”中的理念——也许在所有想法和感受下面，存在一片仍然宁静、豁朗、澄澈的区域。因此，当你意识到心灵在游移而你在走神的时候，你可以轻松地把注意力移回到自己的躯体感觉上来。

### ※ 野马

一段时间之后，我发现我所在的这家寺院比以前忙多了，它为当地社区服务，接待很多访客。我们仍然以正式的方式每天进行很多个小时的冥想，但是这家寺院强调的是日常生活中的觉醒修习——换句话说，就是日常正念修习。在体验过从一段冥想无缝地进入另一段极致之享之后，我已经习惯了在坐下来冥想的时候，让心灵快速安定。现在我的修习过程中夹杂着其他活动，比如园艺工作、做饭、清洗以及文件工作，而且常常还要跟别人一起工作并讨论各种事情。在与别人交谈中，有些内容具有隐修性质，有些则不那么有隐修性。我很快发现，这种互动带来一种完全不同的冥想。这种冥想不是说你坐下来，然后心灵立刻像以前一样安定下来，而是心灵现在变得非常忙碌。

在这种互动中，我恢复了想要控制心灵的旧习惯（永远不要低估了这种倾向的力量），如果我的心灵没有在5分钟左右的时间内安定下来，我就开始抗拒心中的想法。在抗拒的时候，我反而会制造出更多的想法。然后我就开始为自己制造出更多的想法而感到恐慌，而恐慌又带来更多的想法！

很幸运，我身边又有了一位非常有经验的师父，于是我跑去向他征求建议。他因为热情且幽默的教授方式而闻名，而且他在回答问题的时候很少直接给出答案。

事实上，他常常以问题来回答问题，但是每当他真的回答的时候，他总是以故事的形式来答复，而就像之前那位师父一样，他的故事储备好像是无穷无尽的。我向他说明我的问题的时候，他坐在那里，边听边缓缓点头示意。

“你见没见过训练公野马的情形？”他问道。我摇头。这跟我的问题有什么关系吗？他似乎有点失望，但是后来我猜，在中国西藏草原上度过的童年生活跟在英国一个小村庄里度过的童年生活是完全不同的。他继续说着那些野马。他说这些马非常难以捕捉，要想驯服它们则更难。“现在，设想你抓住了其中的一匹，想把它关在某个地方。”他继续说道。我想象着站在那匹马旁边，紧紧地用绳子抓着它。“不可能！”他脱口而出。“没有哪个人能控制住一匹野马，它太强壮了。就算你跟你所有的朋友一起努力，你们也永远不可能把它控制在一个地方。这不是驯服野马的方式。在你最初抓住这样的一匹马的时候，”他继续说道，“你需要记住，它们习惯了自由奔跑。它们不习惯静静地长久站在一个地方。”我开始明白他想要说什么了。“在你坐着冥想的时候，你的心灵就像这匹野马，”

他说，“你不可能因为你像一座雕像一样坐在那里做某种叫冥想的事，就指望它突然静静地在某个地方站定！因此，当你跟这匹野马，也就是你的心灵，一起坐下来的时候，你需要给它提供很大的空间。不要试图立刻将注意力集中在冥想对象上，相反，要给你的心灵一点时间，让它安定下来，放松一点。你急什么呢？”

他又说对了，我都是急于开始冥想，觉得下一刻比这一刻更重要，努力想要抵达某种心境。到底要抵达哪种心境，对此我其实并不完全清楚。“相反，”他建议道，“你要像训练野马那样去靠近你的心灵，要想象自己站在一个非常大的空间的中央，即一块开放田野的中央。现在，缰绳的一端系着这匹马，另一端在你手里。不过，缰绳是松弛的，这匹马有它所需要的一切空间，它并没有觉得被困住或者受到约束。”我想象着马在田野中自由奔驰的样子，而我就站在那里，一边密切地看着它，一边松松地握着缰绳的另一端。“现在，把一只手放到另一只手上，非常缓慢地一点点收回绳子，从而缩短绳子的长度。不要一下子收很多，要一点点地收。”他抬起自己的拇指和食指，比画出一厘米的空间，就好像在对自己的话进行强调一样。“如果你对一匹野马做这样轻柔缓慢的动作，它就根本不会注意到——它会仍然觉得自己好像拥有广阔的天地。继续这样做，一点点地把马带到自己身边，同时密切地观察它，但是要给它足够的空间，让它感到自在，不要让它太紧张。”

这席话很有道理，只是想象这个过程就使我更加放松了。“因此，”他说，“这就是你坐下来发现心灵非常繁忙时需要做的事情。慢慢来，缓缓地，给它所需要的空间。让野马进入自然的安定空间，进入令它感到喜悦、自信、可以放松停留的地方。它可能刚开始的时候会有点挣扎，但是没关系，再把绳子一点点地放松些，慢慢地重复这个过程。如果你以这种方式进行冥想，那么你的心灵会非常喜悦。记住这个故事，它会给你的冥想带来重大影响。

## 冥想和情感

### ※ 排练

因为有了这条好建议，我的心灵很快就真的开始安定下来了。心灵仍然会有很繁忙的时候，但是我能够越来越轻松自在地看着各种想法来去了。想法其实是容易应对的，我一直把道路和蓝色的天空等类比牢记在心里。然而，当心里泛起强烈情感，或者身体上感到不舒服的时候，我会很难安坐下来。我发现，在这种时候，要想保持客观，几乎是不可能的事。当我感到高兴、狂喜的时候，我会想要尽可能地把那种情感抓在手里，时间越久越好。当令人不快的感觉出现的时候，我会忍不住想要抗拒它们。我数不清自己有多少次被告知，抗拒是徒劳无功的，只会使情况变得更糟，但我就是控制不住自己。

这种抗拒持续了一段时间。我把它视为情感与自我之间的一场豪壮的战斗，而因为性格非常固执，我拒绝让步。我甚至不能清醒地看到，我正在进行的唯一的战斗其实是我跟自己之间的战斗。最后我不得不承认，一些抗拒是徒劳无功的。因此，我又跟师父见了一面，向他解释了我的处境之后，他点点头转过脸去，好像这样的话他已经听了不下一百次。“每个人都一样，”他开始说道，“我们会被自己喜欢的事物所吸引，我们会依恋上这些事物。我们无论如何都不想放弃它们。唯一的问题在于，我们越追逐它们，它们好像反而离我们越远。我们越想抓住这些令人愉快的情感，就越害怕失去它们。”

他说的没错。事实上，在我进行冥想修习的时候，美好事物甚至成了一种障碍，因为每次在修习中体验到我所认为的积极情感的时候，我的期望值就会上升一点。这就意味着，在下一次修习的时候，我不是安坐在当下此刻，而是试图复制上一次的体验。“在试图抓住美好事物的同时，”他继续说道，“我们还忙于摆脱令人不快的事物。无论我们试图摆脱的是多种想法、难以应对的情感，还是身体中某种令人痛苦的感受，情况都是一样的，这些都是抗拒。只要有抗拒存在，我们就会失去接纳的空间。只要没有接纳，我们就不可能拥有宁静的心灵。”他表述这种想法时，一切都显得非常直白明显，不是吗？“喜悦只是喜悦而已，”他继续说道，“它的来去没什么大不了。如果你能放弃总想体验美好事物的愿望，而同时又能摒弃对体验令人不快的事物的恐惧，那你就能拥有宁静的心灵了。”

听着他的解释，我忍不住想，这话好像缺了点儿什么。诚然，我们是要“不依恋”“不抗拒”，但是怎么做呢？“很简单。更加觉醒一些就好。”他说。这个说法似乎能回答一切问题。虽然随着我越来越觉醒，我的观念也在发生变化，但这似乎并没有带来快速的效果。我跟师父说了我的想法，他笑了。“啊，”他说，“我想你说的是无耐心。”我耸耸肩，又点点头。我充满希望地道：“我想知道如何在我的觉醒意识更强大之前解决这些，说不定还有其他的技法能起作用？”在回答之前，他似乎在研究我。“我希望你继续把注意力集中在自己的呼吸上，练习如何在心灵的自然觉醒中安定。然而，同时你还可以往练习中加一些有用的东西。”我满怀期待地扬起眉毛。他继续解释，下面这些技巧你也许想在自己的冥想中尝试一下。

“当你在修习中体验到令人愉快的感觉时，我希望你设想一下把这种感受分享给他人，”他开始说道，“无论是宁静心境下的某种令人愉快的感觉、身体放松的情况下令人愉快的感觉，还是令人安慰的情感，你只要想象一下，把它分享出去，分享给你的朋友和家人，分享给你在乎的人。”他继续说道：“你并不需要太多思考，我仍然希望你把注意力集中在呼吸上，数一数呼吸次数。如果你发现自己坐在那里，而且感到非常高兴，那么请继续保持之前那种想要把它分享给他人的态度。”我真的看不出这样做有什么用，但是好像也没什么坏处，而且出发点也是好的。“接下来的修习可能有一点挑战性，”他灿烂地笑着说道，“当你在冥想中感到不适时，无论这种不适是心灵忙碌之下的不安宁、身体上某处的紧绷感，还是某种有挑战性的情感，我希望你设想这是你所关心的人感到的不适。这就像一种极度的慷慨举动，你坐着感受他们的不适，这样他们就不必感受它了。”

令人难以置信。这会有什么用呢？我为什么会想要放弃美好的情感而想象带着别人的不适呢？“放松，”他说，“这又不是真的。当你仔细思考时，你会发现这是应对心灵的一种很巧妙的方式。努力想要抓住愉快心灵，只会制造紧张。想象着把这些情感赠予别人、分享给别人，你就不会紧张，而且也不会去挑剔评判。”好吧，这有点道理，但是对于其他情感我们又该如何应对呢？“对于令人不快的情感，我们总是想着摆脱它们，对不对？这会制造紧张，跟自己正在做的事情背道而驰。我们的目的是消除抗拒。没有抗拒就意味着没有紧张。”

我思考了一下，从某种程度上说，他的说法确实很有道理。事实上，这听起来就像是复杂版的逆反心理。我认为，耐人寻味的一点在于，这种做法同时会使心灵变得更利他。

我向师父告别并离开，将他的指导投入实践。我并不需要对我的练习做任何改变，更多的是改变接触冥想技法的方式，并记住要少对冥想体验做评判。尽管我心有疑虑，然而师父说的没错。当我有了与人分享愉快感受的意向之后，这些愉快感受好像停留时间更长了，而且冥想过程也变得更令人愉悦了。很难说到底哪里发生了变化，但是我想，可能是自我服务的意识减少了。这对其他情感的处理同样有效。这并不是说，在采用了这种方法之后，令人不快的情感或紧张就立刻消失了，不过，我们原本的目的就是设法以更大的信心和空间带着这些情感安坐。在想象自己是在做一件对别人有益的事情之后，整个过程果真变得容易多了。这种修习方法给我的能力和意愿带来了重大影响，我能够也愿意理解自己心灵中的各个方面。在那之前，我只想了解令人愉快的感觉，而对令人不快的感觉颇有畏惧。这种方法改变了一切，让我感觉看到并理解了自己心灵中未曾见过的那一部分——如果我一直忙于逃离，那么我永远无法领略到它。

## 练习4：专注于某类感觉

你再次把本书放下几分钟，在慢慢闭上眼睛的过程中，用某种躯体感觉来保持注意力集中。不要像上次那样使用不带感情色彩的感觉，而是把注意力集中在身体中某个令人愉快或令人不快的感觉上。比如，你也许感到手脚有种轻盈感，或者你感到肩膀有点紧张。通常情况下，你也许会努力排斥不适感，而抓住舒适感不放。如果你与人分享愉悦的感受，并安于不良的情绪，那么情况会怎样？你的体验有没有发生变化？记住，如果你正把注意力集中在令人愉快的感受上，请在关注它的同时，试着温和地将它分享给他人。同样，如果你的注意力集中在令人不快的感受上，那么请你试着轻松地保持体验它或者替某个你关心的人照看它的心态。

## 被压制的，必将浮上来

回顾自己出家为僧的原因时，我无法说清自己具体是在哪个时刻开始感到不开心的，但是毫无疑问，有一系列事件把我“逼到了临界点”。我快满 20 岁的时候，我的妈妈再婚了，我和妹妹多了一个继父，以及异父异母的妹妹和弟弟。不久之后，我们异父异母的妹妹乔安妮在外面骑自行车的时候遭遇车祸丧生，一个在开车时丧失了清醒意识的人开着皮卡从她的身上碾过。这件事对我们家的影响无法用言语形容，然而我没有留足够长的时间去完全消化这件事。因为不能也不愿再正视周围的悲伤，我继续自己的生活。事实上，我甚至离家出走过，好像那样能消除我的悲伤。虽然那种感觉本身并没有走开，但至少我可以在对其不知情的情况下多坚持一会儿。

几个月之后，我听说我的一个前女友因为一场心脏外科手术去世了。我记得自己当时收到消息后，几乎置之不理，好像这对我而言并不重要。我以为，要想成长为一个男人，必须能够以超然的方式应对一切。因为不能承受那种情感，我做了自己唯一知道的事情，把一切藏在心里。

人们常说："好事难碰上，坏事接连三。"这说的真没错。没过多久，第三件事就来了。我在平安夜当晚跟一帮朋友去参加一个派对。午夜后离开的时候，我们每个人都醉醺醺的。那天晚上我们玩得很开心，大家站在那里，互相拥抱告别，互相祝福圣诞节快乐。跟几个朋友一起漫步离开的时候，我听到汽车的声音从山顶传来。我记得自己当时看着那辆车，还纳闷车灯为什么没开。车速越来越快，从山顶上飞驰而下。后来我们发现他的车速至少超过了限定车速的四倍，冲到一半的时候，司机对车子失去了控制。车子与我们擦身而过，转向上了人行道，猛然冲到了我们那群朋友中间。那一幕真是惨不忍睹。一切都好像慢下来了，整个事件的画面一帧帧地在我眼前播放，就好像有摄像机在一个镜头、一个镜头地拍摄。其中一个镜头是，在汽车撞上来的那一瞬间，朋友们的身体像破布娃娃一样被抛到空中。在另一个镜头中，一具身体往墙上撞去。那天夜里，数人死亡，还有很多人受了重伤。迄今为止，我从未比那时更觉得无助过。

不知道是完全靠着勇气和意志力，还是担心如果揭开"高压锅盖子"会发生什么，我努力压制住了伴随着这些事件而来的情感，压制了很长一段时间。一年后，它们开始以其他方式冒出来，影响着我周围的世界。就情感而言，凡是被压制的，必会再浮上来。也许它会突出到表面来，就像情感本身一样，也可能它会开始以别的方式影响我们的行为。有时候，它甚至会影响到我们的身体健康。压力引起的亚健康症状越来越普遍，而且被公认为无力应对某种压力局面或压力环境带来的挑战性情感的结果。

## 确定情感的具体位置

等我进了寺院的时候，这些情感已经基本确定无疑地浮现于表面。有时候，情感更明显，而伴随着这些情感而来的想法清楚地表明了情感与什么有关，但更多时候，浮现出来的仅仅是情感而已。当我开始意识到这种悲伤之后，我感到很不公平。我来这里不是为了这个。我来这里是为了山间的宁静和安定。有相当一段时间，我继续与这些情感做“斗争”，努力想要忽略或抵抗它们。我完全没意识到这种讽刺性：我一边忽略着、抗拒着，一边努力着要放弃忽视、放弃抗拒。因为不能控制情感，我开始感到非常沮丧，想着一定是我的冥想一直在停滞不前。我开始想，也许我在冥想方面没有天赋。每当坐下来要冥想的时候，我变得越来越焦虑。

有一天，我真的觉得受够了，就跑去见师父。我诉说了自己在修习中遇到的情况，师父耐心地听着。我满心期待他给我一些秘法，一些专为应对困难情感而研发的秘法，然而他却问了我一个问题。

“有人逗你笑的时候你喜欢吗？”他问道。“当然喜欢了。”我笑着回答。“那有人逗你哭的时候呢？你喜欢吗？”他接着问道。“不喜欢。”我说道，同时摇着头。“好，”他说，“那么我们来假设一下，如果我告诉你一些让你永远都不会再体验到悲伤的方法，你会喜欢吗？”“当然了。”我急切地点头。“唯一的条件是，你同时也会失去笑的能力。”他说。他的表情突然严肃起来。他似乎看透了我的想法。“这些方法是打包出售的，”他说，“你不能二者选其一。它们就像一个硬币的正反面。”我想了一会儿。“不要再想了，”他说，他现在笑了起来，“那是不可能的，就算你愿意，我也没法告诉你。”

我问他：“那我应该怎么办？如果我一直都无法摆脱

这种悲伤情绪，我怎么会快乐呢?”他看起来更严肃了，说道:“你寻找的是错误的快乐，真正的快乐并不会在‘玩乐时得到的快乐’和‘摆脱事情出了差错时感到的悲伤’之间做区分。冥想的要义并不是寻找这种快乐。如果你要找的是这种快乐，那么去参加派对好了。我说的这种快乐是那种无论心中泛起什么样的情感，都能够感到怡然自得的能力。”“但我怎么可能在不快乐的时候感到怡然自得呢?”我反驳道。

“你可以试着这样来看，”他说道，“这些情感是生而为人的一部分。现在你也许知道，有些人看起来好像比你快乐些，还有些人可能比你更不快乐。”我点点头。“所以有时候，我们的感受方式是与生俱来的，”他继续说道，“有些人更快乐一些，而有些人更不快乐一些。真正重要的是深层的东西。因为无论哪种人都不可能控制自己的情感。快乐的人无法‘留住’自己的快乐，而不快乐的人也无法‘推开’自己的不快乐。”虽然这不是我来找他希望得到的简单明了如同魔法一样的答案，但是至少他说的话有几分道理。

他继续说道:“跟我说说，目前给你带来最大困扰的是哪种情感？”“大多数时候我都感到很悲伤，”我回答道，“但是这种情感会让我为自己的冥想感到担忧，然后我就会生气，因为我无法停止悲伤或担忧的感觉。”“好，暂且把担忧和愤怒抛在一边，”他说，“我们可以稍后再讨论它们。此外，这些只不过是你对悲伤的反应而已。我们来看最原始的情感——悲伤。它让你产生了什么样的感受？”我觉得答案是非常明显的：“它让我感到悲伤。”“不对，”他驳了回来，“这是你对它给你带来的感受的看法，是你觉得它给你带来的感受，而不是它确切让你感受到的感受。”

我又一次坚持了自己的立场。“不对，它带来的确切感受就是悲伤。”我说。“好吧，”他问道，“那么它在哪里？”“谁在哪里？”我问道，有点儿困惑。他回答道：“那种悲伤，它在哪里，是在你的心灵里，还是在你的身体里？”“它无处不在。”我说。他质疑道：“你确定吗？你有没有试过去找到这种情感，试着去找找看它定居在哪里？”我一直非常沉浸在对这种情感的思虑上，但从没想过要对它进行研究。于是，我不好意思地摇摇头。“那好，”他说，“那这就是你的第一项任务——找到悲伤这种情感，然后我们再进一步讨论它。”会面显然结束了。

接下来的几个星期里，我花了很多时间，努力寻找悲伤这种情感。虽然它似乎影响着我的所有想法，然而我无法说，悲伤就是那些想法本身。此外，想法如此之复杂难辨，我甚至感觉不出它们到底永久地定居在哪里。情况确实是，在我想到某些事情的时候，悲伤的情感会得到强化，但这不是师父让我找的东西。因此，我开始在冥想的时候检查自己的身体（从心理上检查躯体感觉），上上下下地审视，试图找到被称为“悲伤”的东西。可以肯定的是，这种情感很虚幻，但是躯体感觉中确实也有一些特性，正是这些特性给了我足够的信心，使我又跑到师父那里说，悲伤这种情感就定居在身体里面。

“那么，”我的师父笑着，在把我迎进他的办公室后说，“你有没有找到你要找的东西？”“呃，算找到了，也算没找到，”我回答道，“我没在我的心灵、我的想法里面找到悲伤，虽然悲伤确实影响着我的想法。”他点点头。“但是我感觉，在身体的某些部位里，悲伤的感觉比其他地方更强烈，在这些地方，它像是有形的实体。”他再一次点头。“问题在于，”我继续说道，“每当我觉得我找到它的时候，它又转到身体其他地方去了。”他笑了，赞同地点点头。“没错，”他说，“如果一个事物经常这样变化的话，我们确实很难研究它。你觉得悲伤在哪里呢？”他问道，扬起了眉毛。“我觉得主要在这里。”我指着自己的胸腔说道。“还有别的地方吗？”他问道。“嗯，也许这里也有一点。”我说，这一次，我指着横膈膜附近。“你的耳朵里呢？”他大笑着问道，“你的脚趾里呢？你在这些地方找到悲伤了吗？”他很明显是在开玩笑，但是他说的没错，我的确没有在耳朵或脚趾那里找到悲伤。事实上，我想我可能是忘了检查那里了。“那么，你是说悲伤定居在这附近，”他继续说道，在我胸腔的位置比画着，“但具体在哪里呢？你需要更具体一些。如果悲伤确实定居在这里，它是什么形状的？你再研究研究，然后我们再讨论。”

我又一次离开，竭力去确定悲伤所在。在这段时间对这种情感的观察中，我注意到，悲伤的强度似乎减弱了。我不知道这是不是巧合，但的确有了明显变化。不管怎么说，我照师父说的那样回去寻找悲伤。这确实有点儿棘手，因为它似乎真的没有任何明确的形状或尺寸。有时候，我感觉它好像分布很广，而有时候，它好像又收缩了。有时候，我觉得它很沉重，而有时候，它似乎又轻了很多。甚至在我觉得找到了很清晰、很明确的悲伤时，我却难以确定它的中心点。等我找到中心点，然后集中注意力于其上的时候，我又意识到这个中心点也一定有个中心。简直是没完没了。我无法忽略的一点是，这种情感的强度在不断下降。我的心中此时已经毫不怀疑，在用简单的觉醒替换掉想法后，确实发生了些什么，确实有些东西发生了变化。我怀疑，这是否只是一个把戏，是否师父一直都知道，我根本就什么也找不着。我打算在下次见他的时候问问他。

我不确定自己是不是看起来不一样了，但是他似乎在我一开门的时候就发觉我的悲伤减弱了。我解释了发生的事情，他耐心地听着。当我提出，也许这只是他为了使我停止思考自己的悲伤所做的一个小把戏时，他放声大笑，在垫子上前仰后合。“把戏！太搞笑了，”他说，“这不是把戏。在你来这里的时候，我说过，冥想会让你变得更加觉醒，我从没说过它会让你摆脱令人不快的情感。只不过，在你更觉醒的时候，这些令人不快的情感就没有了起作用的空间。如果你一天到晚想着它们，那么你毫无疑问就给了它们很多空间，是你使它们保持活跃。如果你想都不想它们，那么它们就会失去动能。”

“那么，这还是个把戏了。”我回答道。“不是把戏！”他大声说道，“你找到你一直在找的悲伤了吗？”“呃，没有，没找着。”我答道。“这就对了，”他脸上挂着笑容说道，“我不是质疑这些情感是否存在，你自己也发现了，当你仔细研究这些情感的时候，你会发现真的很难找到它们。当你发现自己对某种情感反应很强烈的时候，一定要记住我的话。你来的时候曾经说，你不仅感到悲伤，而且感到很沮丧，很为自己的冥想担忧，但是这些情感不过是你对最初的那种情感做出的反应而已，这些反应使得整个局面变得更加糟糕。现在是什么情况呢？在带着觉醒意识观察悲伤的时候，你体验到气愤或者担忧了吗？”我摇摇头作为回答。他说的没错，我没有体验到这些。我的确时不时地为没能找到我正在找的东西而沮丧，然而我显然没有为此担忧过。事实上，我又对冥想充满了向往，我甚至发现，我还因为找不到这曾给我带来很大困扰的东西而笑过好几次。“这就对了，”他又一次说道，这一次，他的脸上挂着灿烂的笑容，“如果你甚至连引发反应的情感都找不着，那为什么还要做出那么强烈的反应呢？你是为了抗拒一些东西，即一些你需要对之有所了解的东西。很多时候，我们对一种情感的‘了解’不过只是了解而已。更密切地观察的话，我们会发现，这种了解实际上并不是我们认为的那样。这样我们就很难对之产生抗拒了。如果没有了抗拒，对这种情感的接纳就来了。”

我不想假称这个过程很快或者很容易，而且它也并不意味着我从此就再也没有令人不快的情感了，但是这段经历确实教会了我一些东西。最重要的一点经验教训是，情感本身往往并不是问题。带来问题的是我们对这种情感做出的反应。比如，我气愤了，我带着更多气愤回应这种气愤，火上浇油，使气愤之火越燃越旺；或者我担忧了，我开始为自己的担忧而担忧。退后一步，获得更清晰的视角（没有冥想，我永远不可能做到这一点）之后，我能够看到那种初始情感的本来面目了。我只是觉醒地对待它，它好像便得到阳光，更愿意继续前行了。当令人不快的情感出现的时候，我们常会对它们闭上心门，我们不想感受它们，不想靠近它们，但是这种反应方式反而使它们显得更重要。

学会了任由这些情感来来去去，再加上深层的觉醒意识和视角的存在，无论这种情感多么难以对付，我们都始终会觉得一切都好，哪怕这种情感非常强烈。我吸取的另一个经验教训是，有时候，我们对事物的“了解”跟事实会有很大出入。我觉得自己感到非常悲伤，但是当我努力去确定这种悲伤的具体位置时，我所找到的不过是不断变幻的想法和躯体感觉而已。我努力去寻找永久的情感，却只找到了受情感影响的想法和躯体感觉。

## 稍纵即逝的情感

很多时候，我们对自己的情感毫无觉察。诚然，当它们脱离控制的时候——无论是好的情感还是坏的情感，我们都会注意到它们，但是其余的时间里，它们好像始终都只存在于环境中，影响着我们的人生观。此外，情感变化的速度，即一种情感变成另一种情感的速度，也使得我们几乎不可能区分和界定它们。回想一下你上一次感到快乐的情景，你还记得快乐是什么时候开始的吗？花上一分钟左右的时间，看看你能不能准确地想起快乐这种情感产生的确定时间。然后，它又是什么时候结束的？你上一次感到生气是什么时候？你也许记得那种气愤出现时的情形或来龙去脉，但是你能记得那种愤怒感是什么时候出现的，又是什么时候消失的吗？是什么导致这些情感的突然消失，是因为它们失去势头，还是因为有别的更重要的事情夺走了你的注意力？还是说，它仅仅是被另一种情感所取代了？

虽然情感在我们的整个人生体验中非常重要，然而我们其实对它们了解甚少。神经科学家可以以惊人的精确度从生理层面告诉我们发生了什么，而行为科学家可以破译资料，理性地解释我们为什么会有那种感受。虽然这些很有用、很有趣，但是它们能改变你的感受吗？更重要的是，它们能改变你对自己的感受做出反应的方式吗？我也许知道我不该生气，因为气愤会释放出有害的化学物质到我的身体中，会使我的血压升高，但是这种知识几乎没有办法让我不生气。同样地，我知道放松一点、大大咧咧一点，我的压力感会小很多，但如果我担心得要命，这根本没什么用。有时候，我们的理性了解和在日常生活中切实的情感体验之间的差异会如巨大的鸿沟一样不可逾越。

我的师父让我设想一下没有任何情感的生活，同样，你能真的说你想要在没有任何情感的状态下生活吗？我们的感受是我们的人生体验中最基本的东西。也许在我们被某种难以应对的情感压倒的时候，我们可能会希望有办法摆脱所有这些情感，但这不过只是某一瞬间的想法罢了。

很多时候，人们在开始学习冥想的时候，要么会费尽心力想要摆脱情感，要么会害怕冥想把他们变成面容模糊的、麻木的、感觉不到任何情感的人。但正如我们所看到的那样，事实并非如此。

## 情感之滤镜

情感会影响我们对人、对各种情势以及对我们生活于其中的环境的看法。随之而来的直接结果是，它们还会影响我们与他人、与情势以及与我们生活的环境之间的关系。情感是“我们”和“世界”之间的滤镜。

感到生气的时候，我们眼中的世界会看起来充满威胁：我们视事态如障碍，看他人都是敌人。然而，感到快乐的时候，我们眼中的世界会看起来特别友善，与生气时同样的情势下，我们却觉得这是机遇，而看他人都是朋友。我们周围的世界并没有发生那么大的变化，然而我们对这个世界的体验却发生了翻天覆地的变化。

在想到滤镜这个理念的时候，我想起了我度假时最喜欢去的地方。那个地方崎岖不平，靠近海边，大自然的力量十分强大，天气时常发生变化。坐在我喜欢的那把椅子上，我可以看到，有一块巨大的石脊高高矗立在村庄和沙滩上方，并一直延伸到海里。在晴朗无云的时候，这些峭壁看起来非常壮观。它们呈深红色，自带一种庄严感。即便从远处看，每个细节也都清晰可辨。在这样的天气里，这块岩石真的看起来令人肃然起敬。稍有阴云的时候，岩石的表面在一天中就会发生数次变化。有时候它看起来很暗淡，几乎呈暗棕色，因为云的阴影会投射其上。有时候，它又呈现为黄色，类似硫黄的那种黄色。如果云非常暗，它甚至会呈现为绿色。暴风雨天气的时候，峭壁又会呈现出完全不同的质地，它看起来几乎是黑色的，山脊顶端那些尖锐的棱角好像劈开了天空。在这样的日子里，岩石看起来很庄严，甚至有点儿冷峻。正如前面说过的那样，“岩石”本身并没有发生任何变化，只是从它上方经过的云使人觉得它好像有了变化。同样地，情感这个滤镜制造出了这个世界在某个时间点呈现出来的假象。

情感还有另一个层面，比如，把稍纵即逝的快乐或悲伤体验跟更加根深蒂固的、习惯性的快乐或悲伤感受区别开来。在冥想语境中，我们有时候会以“特质”和“状态”来称呼这个层面。

## 特质

特质指的是某种性格中的典型情感，可能是如“快乐的艾米”或者“喜怒无常的马克”等这样的东西。这些特质能够反映成长背景和社会环境对人产生的条件作用，并能反映出成长路上那些给我们带来了影响的经历。它们就像是我们遗传密码中的一部分，它们的性质往往是非常“稳定”的。因此，许多人甚至没有意识到自身的特质。花一点儿时间想想，你自己的特质可能是什么。你也许可以考虑考虑自己的人生观是什么样的。你觉得生活和你是相合，还是作对呢？你觉得活着是一件乐事，还是一件令人厌烦的事呢？冥想的有效与否与这无关——虽然你也许会觉得前者是一种更令人愉快的生活方式。我确定，存在两种“视角障碍”的人你都见过。一种是这样的人，他们能够以消极的观点看待一切——中了彩票，找到了爱情，获得了升迁等。他们也许有时候会特别生气，或者也有可能仅仅是为自己的人生路哀叹抱怨。处于另一个极端的是这样的人，他们看起来开心得不得了，以至于你都会忍不住问：“他是真的这么高兴吗？”当然，有时候，他们表现的不是“真的”，毫无疑问确实有些人看起来天生快乐、天生对生活感到十分满意。因此，这样的情感可以被视为性格特质。

## 状态

状态指的是日常生活中那些来了又去稍纵即逝的情感。也许是有人对你说了一些令人不快的话，也许是你的孩子第一次迈步，也许是你得到了一些坏消息。这些事情很可能会引发一些特定的、来了又去的情感，它们是生活中的“高兴和低落”。你也许会对路上的某个司机发怒，但是还没来得及发泄出去，车载收音机里的某些事物吸引了你的注意力，你忍不住又大笑起来，怒火被抛在脑后。或者，也可能是一些更严肃的事情，比如，失去工作后长时间的抑郁，这种抑郁好像徘徊不去，延宕萦绕。无论是哪一种，事实上，情感的这种来来去去，表明了它们只是暂时的“状态”，与“特质”相对。有时候，我们的情感状态也会非常根深蒂固，以至于看起来有点儿像特质。这时候，情感是如此势不可挡，以至于我们会觉得自己没有办法从中走出。在这种情况下，情感甚至开始成为我们性格中的特质。抑郁就是这样的一个典型例子。因此，虽然有时候特质和状态好像密不可分，但意识到这两者之间的区别会对我们有很大的帮助。

## 头脑空间和情感

这些年来，在尝试了许多种不同的冥想技法之后，我仍然觉得，最清楚、最简单、普通人最容易上手的处理情感的方式是，我们在本章开头讨论的“捕捉想法”。毕竟，想法和情感是很难分开的。你的想法会决定你的感受方式吗？或者，你的感受方式会决定你的想法吗？正念指的是愿意在自然觉醒状态下安定下来的意愿，它抗拒诱惑，拒绝对出现的任何情感做出评判，并因此既不反对某种情感，也不会被某种情感所冲散。冥想仅仅是一种练习，它为你练习对这些情感保持正念提供最佳条件。头脑空间是运用这种技法得到的结果。头脑空间并不意味着摆脱任何情感，而是指一个地方，在这个地方，无论出现了什么情感，你都会安然自在。

正如我们没有将想法分为“好的”或者“坏的”一样，我们也不会以好坏来区分情感。这样说，我们往往会遇到这样的问题：“你怎么能跟我说愤怒不是坏的？我刚对某个人吼过，这肯定不好吧？我感觉糟透了。生气的时候，我感觉自己要爆炸！生气到底‘好’在哪里？”生气带来的后果当然完全是另一回事，练习克制是很重要的，但是就这种练习而言，它能帮助你拥有开放的心态，一种对情感本身的属性很好奇、很感兴趣的心态，而不是仅仅根据以往经历，给情感贴上好或者坏的标签。否则的话，我们又会带着旧有的态度，追逐“积极”的情感，极力摆脱所有“负面”的情感。只有你自己才能清楚地说出，这种处理方法到现在为止对你而言作用如何。

那么，我们回到适度的好奇心这个理念上来：查看、观察、留意，在情感的来来去去中，身体和心灵里发生了什么。记住，在这里，我们的目标是得到头脑空间，即一种无论出现什么情感，都安然自在的感觉。它意味着坐在路边，观看情感路过，既不因为它们看起来十分吸引人而为之吸引，也不因为它们看起来十分吓人而逃避它们。冥想技法的要义不是极力阻止情感出现，同样地，也不是极力阻止想法出现。跟想法一样，情感是自发产生的。我们对这些情感的态度，以及我们如何对它们做出反应，这些才是重要的。

在通过冥想应对情感的时候，我们需要做的不是赋予情感以更多的重要性（它们已经获得太多关注了）；相反，我们需要做的是找到一种方法，以更巧妙的方式理解它们。我们需要设法意识到我们的情感，体验它们，承认它们，与它们共存，然而不要任由它们摆布。正念和冥想向我们展示了这样做的最佳方式。

从理智层面，我们还可以欣赏所谓的负面情感的价值。我常常听人们说，如果不是人生中某个特别难熬的时期，他们就不可能坚持下来，不可能取得目前的成就——他们还说，就算能够回到过去，能够改变那段经历，他们也不愿意去改变。随着时光的流逝，洞察力的增强，我们也许能以不同的眼光看待自己的情感经历。

人生中难免会发生一些事。事情发生的时候，如果知道自己已经为应对这种局面做好了可能的一切准备，你的感觉就会好很多。这并不意味着你不会体验到那种情感，因为毫无疑问你肯定会体验到它，这意味着你对情感的理解方式能使你更快地、更自在地对它放手。

## 练习 5：对情感保持觉醒

我们并不总是擅长辨认自己的内心感受。这通常是因为我们会被我们正在做的或者正在思考的事情分神。当你开始冥想的时候，你不可避免地会更加清醒地感知自己的感受——情感的种类、强度，以及情感的持久性和短暂性。比如，你现在是什么感受？你可以把本书放下几分钟，闭上眼睛，刚开始的时候，注意一下自己的身体有什么感受。这样做会非常有用，因为它会给你线索，让你知道你的深层情感是什么。你觉得这种情感是沉重的，还是轻盈的？你身体中有种宁静感还是不安感？你有没有一种局促感或者豁朗感？不要急于确定，调动你那适度的好奇心，每个问题花上二三十秒的时间去回答。你的呼吸带给你什么体验——快还是慢，深还是浅？不要试图去改变它，只花一点儿时间去留意一下它所带来的感觉。练习结束的时候，你很可能会对自己的情感有更好的认识。如果没有，你也不要担心，因为这种情况在初始阶段是很正常的，随着修习的深入，一切会变得更加明朗。

## 适度的好奇心

第一次听说冥想不过是对心灵的日常状态的抓拍时，我觉得难以置信。我从未以如此觉醒地感受过自己的心灵，我也从未以那种方式观察过它。一方面，一切都是那么熟悉，另一方面，那根本就不是我所期待的。你也许已经对自己的心灵有了这种感觉，哪怕仅仅通过我前面简要讲到的那几个短暂的练习。遇到新事物或意料之外的事物时，我们往往会以不同于对待熟悉事物的方式对之做出反应。有些人会对之报以兴奋和惊奇，而有些人则对之报以焦虑和恐惧。在观察心灵的时候，情况也是如此。

刚开始的时候，我自己的做法是乐观型的。我对过程中发生的一切不是很感兴趣，我只是想体验冥想的最终结果——慧悟。你也可以将之称为“不慧悟则毁灭”式的态度，在这种态度下，我总是把注意力集中在未来的目标上，而不是安于当下，乐享生活带来的一切。这是冥想中常犯的一个错误：一心想寻找某种体验，或者一心想取得某种进展，取得某种成就。如果我们太用力去寻找它，心灵的平静或者顿悟将始终是水中之月镜中之花。

不过，说到冥想，目标和过程是一回事。因此，我过去的冥想方法有点类似于离开家开车去度假，不在路上的任何地方停留，夜间的时候继续前行不休息，白天的时候拒绝看窗外的风景。这种方法几乎起不到任何作用！

你自己采用的方法的特性往往反映了你的成长背景和你的性格。有些特性可能是你喜欢的，你觉得有用的，还有一些则可能会使你觉得不舒服，让你觉得没用。如果你能往冥想里面添加点真实的吸引力和好奇心，那么这些特性究竟是什么，就都不重要了。这是因为它们会成为冥想中的一部分，会成为被观察对象中的一部分。我有一位师父常常用“适度的好奇心”来形容这种特性。如果你把这变成你冥想方法中的一部分，你就会注意到，你的心灵会有一种开阔感。比如，你也许会跟我冥想时的做法一样，认为：如果你观察过一次呼吸，那么你就观察到了所有的呼吸。如果这就是你在密切观察呼吸时的态度，那么你毫无疑问很快就会失去兴趣。如果你更密切地观察，你会注意到，每一次呼吸实际上都是独一无二的。我们心灵中闪过的那些想法也是如此（虽然有时候我们会觉得，好像是同一个想法一次又一次地返回），甚至身体中出现的躯体感觉都是如此。

带着适度的好奇心接触冥想，在我看来，这种理念含有一种温和的、开放的、耐心的兴趣。这跟你观察野生动物时的情态也许有点像，在观察的时候，你也许会悄悄地蹲伏到一棵树下。因为入了迷，你的注意力完全集中在你所观察的事物上。你注意到了那一刻的即时性，你没有一点不耐烦，你不想那只动物做任何事情，你满足于在它目前的这种状态下观察它。或者，这跟观察地板上的某只小昆虫有点像。最初的时候，你也许会看着它，想道：“噢，一只虫子。”在更密切地观察之后，你看到了它的每条腿。然后你更密切地观察，又看到了它的面部特征。每次你都会注意到这只“虫子”身上的一些新东西。如果你能把这种适度的好奇心应用到你的冥想中，甚至是你的日常生活中，你就会发现一些新东西，而这每一点新发现都会给你带来意料之外的益处。

## ※ 热汤

通过对比，我想在我们讨论下一章的话题之前，给你讲最后一个故事。这个故事跟我缺乏适度的好奇心有关，跟一家非常严格的寺院有关，跟一些热汤有关。

跟西方的许多寺院一样，这家寺院常常对来访者大门敞开，好让来访者也能参与到短暂的冥想静修中来。在这时候，我们就要像对待寺院的客人那样关照他们。他们的日常安排里面，有一项是我们得把早餐和午餐给他们送到房间里去。虽然在寺院里，客房服务听起来有点奢侈，但这是为了让参与静修的人能有机会修习“进食冥想”。因此，我们轮流准备食物，把食物放进盘子里，然后送到各个房间里去。午饭就是一碗汤和一片面包。汤是现做的，食材都是从园子里来的，一周里食材不断轮换。我们举行过很多次这样的静修活动，我已经习惯了在做汤的时候敷衍了事，坦白来讲，我并没有全神贯注进去。事实上，我在这件事上变得有点马马虎虎——放点儿这个，放点儿那个，把食材扔进锅里去，看看会做出来什么。我喜欢把这视为一种创作，但是事实上，我只是太懒了，懒得一样样过秤，然后还得洗一堆东西。除此之外，我想，弄得越快，我就越有更多时间可以休息。

有一天，我走进厨房，发现菜单是咖喱汤。这是一味以咖喱为主的汤，我以前做过很多次了。我开始烹饪蔬菜，把它们混到一起，然后做汤。我已经做过那么多次，以至于我都没费劲儿去看菜谱。我已经达到了知道什么时候该加入香草和咖喱粉的地步。跟许多大厨房一样，罐子里装的东西的外观再加上罐子前部一个简单的标签就是区分这些东西的唯一方式。打开橱柜之后，我伸手进去，拿出一个前部贴有“咖喱粉”标签的罐子。我注意到那些粉末的颜色发红之后，短暂地停顿了一下，想着这怎么看起来这么奇怪，但是我很快把这种想法抛在了一边。我当时太匆忙了，根本无暇保持适度的好奇心，我只想把活儿干完，这样我好能在午休时间多休息一会儿。我甚至连想都没想过能一边做汤，一边得到乐趣。

在别人第一次教我做这味汤的时候，人家还告诉我要一边做，一边尝一尝，以确保不出差错。然而，我根本就没有关注过配料比例，也懒得费神去品尝，于是我快速地把不同的原料倒进去。因为想使之多点风味，于是我倒进去几大汤匙调料。我不停地搅动那些原料，直到最后看起来好像浓度适宜，可以出锅了。

我弯下腰去，闻了闻自己做的汤。我被一阵阵辣椒味呛得连连咳嗽，我的眼睛立刻流出了泪来。“太奇怪了，”我想，“以前都不是这个味啊。”我拿起勺子，尝了一口。这一尝，我感觉自己的头都要爆炸了。我的意思是，我虽然喜欢吃辣，在亚洲住了很久，吃了很多辣，但是这种辣味太反常了。事实上，我这辈子从来没尝过这么辣的东西。咳嗽，呸呸地吐，我试着往嘴里填了点儿我觉得可能会起作用的东西，想让嘴冷却下来。我看了看钟表，发现只有 5 分钟的时间把汤盛出来送过去。不幸的是，我在冥想修习中新获得的镇定感还是没能在日常生活的压力情势下发挥作用。因此，我不是去从容应对，而是开始惊慌起来。

在慌忙中，我回想起学生时期在镇上过夜之后常去的咖喱屋，我记得可以用清凉的、甜的东西去平衡辣味。我抓起牛奶倒了一些。不行。于是我试着倒入更多进去。还是不行。汤现在变得很稀了。我开始边忙活边自言自语："酸奶？为什么不呢？倒进去。"还是不行。"杏仁酱？放进去。"然后好像真的起了一点作用，虽然它使汤的味道变得很奇怪。因为觉得任何种类的蜜饯都很可能会起作用，我又接连放入橘子酱、蜂蜜，甚至糖浆。汤仍然辣得火烧火燎，虽然味道真的很怪，但勉强可以入口了。

我飞快地盛满每只碗，然后放到每个房间的外面，轻轻地敲门，让他们知道午饭好了。到此时我才开始镇静下来，但是我知道静修中心里是什么样子：你对这一天中的最后一顿饭充满期待，结果却被端上来很难吃的东西。往好的一面想，我意识到这才是为期一周的沉默静修的第二天，因此我想，接下来的五天里，没有人会抱怨了。"谁知道呢，"我想，"也许到了一周结束的时候，他们就忘了这事。"说真的，谁会忘掉这件事呢？即使在没事的时候，肚子里翻江倒海也不是什么好玩的事，更何况在默默静修中，在你要和其他六个人共用一个厕所的时候呢？这绝对不会好玩。后来发现，在往辣椒罐中装辣椒的时候，有人无意中把咖喱粉和辣椒粉混在一起了。因此，我放入的不是平平一汤匙的微辣的咖喱粉，而是倒进去了高高两汤匙的辣椒粉。当然，从大局上来说，也没造成什么实质的伤害，但是对我而言，它代表着我们有时候竭力去坚持的生活方式，即竭力想达到一切事物的终点，却对过程毫不在意。本来我花一点儿时间停下来，多点好奇心，就可以轻易避免整个事件。然而正相反，我如此执着于追求自由时间，以至于我坚持吃力前进。讽刺的是，我所拥有的那点儿自由时间，全部花在为自己所做的事情的担忧上了。听起来是不是很熟悉？

因此，在根据指导进行冥想的时候，只要能做到，请试一试把这种适度的好奇心运用到你在心灵中所观察的事物上。它带来的意义会远远超出你的想象。

### 练习 6：用心灵扫描身体

为更好地培养适度的好奇心，你可以将好奇心应用到躯体感觉上。你可以将本书放下，像以前一样轻轻地闭上眼睛，多次用心灵对身体进行全面扫描，从头顶开始一直到脚趾尖。第一次的时候，快速扫描，花10秒的时间从头到脚尖。第二次的时候，用时稍微长一点儿，大约20秒。然而，最后再扫描一次，花30～40秒的时间来做。在全面扫描身体的时候，请注意身体的哪个部分感到放松、舒适、自在，哪个部分感到疼痛、不舒服或者存在某种程度的束缚感。请你努力做到不带任何评判或分析，而更多地带着了解身体各个部位的感受去做。如果有想法时不时地让你分心走神，请不要担心——在注意到心灵游移的时候，你可以轻轻地把它拉回来，回到你中断的地方去。

## 研究表明

### 1. 医学专家对正念给予支持

在英国心理健康基金会（UK Mental Health Foundation）

做的一项研究中，68% 的全科医生认为，学一些以正念为基础的冥想技法对他们的患者有好处，甚至对那些根本不存在健康问题的人也有好处。唯一的难点在于这些医生中的大多数人不知道去哪里寻找合适的正念资源——请进入 Headspace App。

### 2. 冥想激活大脑中与快乐相关的领域

如果你属于那种心情愉快、比较乐观的人，那么很有可能你大脑中左前方的区域非常活跃。如果你常常感到焦虑，常常陷入负面想法，你大脑中右前方的区域会更加活跃。威斯康星大学的神经学家发现，在进行为期 8 周的正念修习之后，参与者大脑中的活跃区域发生了重大变化，从右边转到了左边，相应的则是快乐感和幸福感的增强。

### 3. 正念会减少负面情感的强度

加利福尼亚大学洛杉矶分校的神经学家发现，修习正念技法的人感受到的负面情感的强度比那些没有修习的人低很多。他们发现，通过给这些情感“贴标签”并因此对这些情感更加觉悟，这些情感的强度就会大大降低。因此，下一次当你发现自己在写报复性的邮件，或者在盛怒之下想对自己的伴侣大喊大叫的时候，请给你的愤怒贴上“愤怒”的标签，这样也许你就能避开事后进行尴尬的道歉。

### 4. 冥想会解除压力的有害影响

一个众所周知的事实是，压力对我们的健康有重大影响。医生已经发现，“压力反应”（stress response）会使我们血压升高，胆固醇水平升高，甚至会导致中风、高血压以及冠心病。它还会影响我们的免疫系统，而且研究已经表明，它还会降低人的怀孕成功率。冥想已经被证明可以唤醒“松弛反应”（relaxation response），在这种反应作用下，血压、心率、呼吸频率以及耗氧量都会降低，同时免疫系统会得到极大提升。

### 5. 正念可以缓解焦虑

马萨诸塞大学医学院以正念为基础的冥想对一群饱

受广泛性焦虑症折磨的人的影响进行了调查研究。令人难以置信的是，90% 的参与者说，他们的焦虑和抑郁程度大幅降低，而他们只进行了短短八个星期的正念学习。更令人惊讶的是，在最初的试验结束三年后随访中，研究者发现，那些改善一直存在。

# 练 第②章 习

“要像训练野马那样去靠近你的心灵。要想象自己站在一个非常大的空间的中央，即一块开放田野的中央。现在，缰绳的一端系着这匹马，另一端在你手里。不过，缰绳是松弛的，这匹马有它所需要的一切空间，它并没有觉得被困住或者受到约束。”

世上的冥想技法数以千计，每种技法都有自己的传统，都有它自己特别强调的层面。然而在这些技法中，大多数的本质是意在让人保持专注、放松、觉醒；换句话说，它们的本质是“意在让意识停留在当下”。你先别说：“我的心灵远不是你说的那样，我永远不会那样做，我的心灵凌乱如麻。”首先值得记住的是，这是一项你正在学习的技能。如果你之前从来没有弹过钢琴，那么在去上第一节钢琴课的时候，我不相信你会看一眼钢琴，然后转身跑掉。毕竟，你是为了学习钢琴才去上课的。道理是一样的。你尽可以认为自己的心灵凌乱如麻，但这正是你学习冥想的原因。道理也许听起来很浅显，但是出于某些原因，我们很容易忘掉这个事实。

所有的冥想，不管它来自哪种文化，遵循哪种传统，也不管它看起来可能多么复杂，或者目的可能是什么，都离不开这两种基本要素中的至少一种：专注（一般指平静）和澄澈（一般指洞察）。有些冥想技法可能只包含这两种要素中的某一个，而有一些技法，可能在这两个方面都有体现。不同的冥想技法之间的区别，往往更多地体现在它们采用的方法和想要得到的结果上。比如，某种技法可能旨在提升专注程度，唤起虔诚之心，培养怜悯之心，改善行为表现，或者实现诸多可能中的某一种。所有这些技法，就算不同时建立在这两种要素之上，也至少建立在其中一种之上。正念就是一个极好的例子，它证明了，这两个截然不同的方面可以被融合在一起，从而产生出一种开通而灵活的、非常符合现代生活需求的冥想技法。我将要教给你的技法（十分钟冥想）也是如此。它将这两种要素融合在一起，但是又更侧重冷静这个方面。

你有没有注意过，当你真正专注于某个事物的时候，你的心灵会变得多么平静？你有没有注意过，即便你的心灵之前还凌乱如麻，但是一旦专注于自己喜欢做的事情，并且全身心地沉浸在那项活动中时，心灵会开始安定下来，会感到非常宁静？没错，冥想就是一个非常类似的过程。首先，我们需要给心灵提供一个东西，即一个可以让它专注于其上的东西。我们习惯上将这些事物称为“冥想客体”或者“冥想工具”，而它们又有内在和外在之分。外在的工具可能包括凝视某个特定物件，倾听某个特定声音，或者一遍遍地吟唱某个特定的字或词等这样的技法。上述最后一种方法被称为“真言”（mantra），它还可以成为一种内在关注客体的方法，即在心里一遍遍地重复，而不是大声地喊出来。（不过，你不要担心，我不会让你吟唱——头脑空间法并不这样做。）其他内在冥想工具还可能包括专注于呼吸、身体知觉，乃至在心灵里想象出来的一个特定影像。

我建议你把自己的呼吸作为首要的工具。关于这一点，有很多原因，其中一些我将稍后做详细说明，但是首要的原因是，呼吸毫无疑问是最灵活的冥想客体。跟吟唱或凝视蜡烛不同，这种方法适用于任何地方，甚至是公共场合，别人不会知道你在做什么。呼吸跟你如影随形。如果没有它随时陪伴左右，那冥想就是你最不需要考虑的事了！此外，将注意力集中在躯体感受上，还会给我们带来其他一些令人舒服的东西，因为它有助于我们把注意力从思想之域抽离出来，将之投到更切实有形的事物上去。

对于有些人来说，以上冥想技法就足够了，他们只需要每天坐下来，观察自己的呼吸，让心灵安顿下来，让所有的焦虑紧张从身体中出去。正如我之前所说，以这种方式进行冥想并没有任何不妥，但是只这样的话，冥想的好处无法最大化。为了最大限度地得到冥想带来的好处，你可能想要将其融入你的日常生活。要想做到这一点，你需要将第二个要素（即澄澈）加入进来。这样的话，你会先看到是什么导致了那种紧张和焦虑，你会渐渐明白，在特定情况下，你会产生何种情绪以及为什么会产生那种情绪。这是“熟练地做出应对”和“冲动地做出反应”。因此，与其弄到产生压力、需要爆发的地步，你不如在其发生之前阻止它——至少大部分时间里，这一点是可以做到的。我说你得往冥想技法中加入澄澈，但事实上，严格来说，这种说法并不正确，因为澄澈是自然而然地从宁静的内心中生发出来的。

## ※ 一池静水

我曾在一座特别的寺院里待过，这座寺院专供冥想所用。我们在这里不研修任何哲学或心理学，只进行冥想修习。这里没有访客，没有电话，也没有其他令人分心的事物。我们在凌晨 3 点的时候开始冥想，然后修习一整天（中间休息几次），一直到晚上 10 点才结束。对那些想把所有的时间都投入冥想中的人来说，这使他们夙愿得偿。虽然这种做法听起来有点极端，但其实是非常有道理的。我动身去当僧人，正是为了尽可能在最有利的环境中训练自己的心灵。所以，对任何可能会令人分心的事物进行限制，正是修习开始的第一步。令人惊讶的是，当身体和心灵都排除了所有常见的分心事物之后，即便最微小的事物都能在平静的心灵中引发惊涛骇浪。来自朋友的一封普通信件都能激发各种想法和情绪，这些想法和情绪每次都能占据心灵好几天时间。因此，没有了这些扰乱我的东西，也就难怪我的心灵开始放慢脚步，并感到更加安定了些。当心灵安定下来之后，立竿见影的是，心灵越平静，内心就越澄澈。

在这些年里，关于这一过程，我听到过许多种阐述，但是我认为，我将要跟你分享的这个比喻是最为有效的。想象一下，有一池非常平静、非常清澈的水。水非常深，但是极其清澈。因为水如此清澈，所以你能清楚地看到水底的一切事物，这就使得这池水显得很浅，尽管池水其实非常深。试想，你坐在这池水旁，不时地扔几块小小的鹅卵石到水中。你会看到，每块新扔进去的鹅卵石都会在水面上激起一圈涟漪。如果你在水面完全平静下来之前，再扔另一块石头进去，就会有新的涟漪产生，这涟漪与上一圈涟漪交融。现在，想象一下，你将石头一块接一块地扔进水中，看看整个水面同时被搅动起来的情景。当水面变成这个样子的时候，你几乎就不可能看到水里的任何东西，更不用说看见水底的东西。

这幅影像在很多方面反映了我们的心灵的表层面貌——至少反映了心灵在我们着手对其进行训练之前的面貌。每个新的想法，就像被扔进水里的鹅卵石一样，会在“水面”引起涟漪。我们已经如此习惯于扔鹅卵石，如此习惯于扰动水面，以至于我们忘了平静的水面是什么样子。我们知道，它目前的样子不太对劲儿，但似乎我们对自己的心灵干预越多，越努力想让它恢复正常，引发的涟漪反而越多。当我们坐下来，发现自己无法放松时，正是心灵这种躁动不安的禀性引发了我们的烦乱。当心灵像这样被完全扰乱时，我们就几乎不可能看清正在发生的事，也不可能看到表面之下隐藏着什么。因此，我们对心灵的禀性一无所知，我们对自己的感受，以及自己为什么会有这种感受一无所知。如果不先让心灵平静下来，我们就很难实现澄澈。这就是在这种特别的冥想技法中，我们略微更加重视“专注”这个要素的原因。

我不了解你的情况，但是我始终认为，冥想中的澄澈是电光一闪的智慧火花，它会立刻转变我的日常体验。回想起来，这是一个细微的、更为渐进的过程。因此，也许从心灵的稳步展现、从对正在发生之事越来越直接的洞察等角度来看澄澈，会对我们更有帮助。这种逐渐增强的澄澈至关重要。如果我们始终处于浑浑噩噩的状态，备感困惑而又不能以特别的方式对心灵进行指导，我们就很难自在地、有方向地生活。无论是性格多么恬淡，我们总会有某些习惯或癖好，而更大程度的觉醒对这些习惯或癖好有益。有时候，这些习惯或癖好似乎就被隐藏在表面之下，等待着在最不经意的时候给我们来个出其不意。事实上，它可能只是一件微不足道的小事，也可能只是一句无伤大雅的评论，但是它们带来的感受会冲破水的“表面”，给整个“水池”带来影响。这听起来是不是很熟悉？如果要对这些让我们的生活变得既复杂又丰富的感受和情绪进行研究，那么我们需要使水面足够平静，因为只有这样，我们才能看到它们。

关于澄澈，我们需要记住的是，需要变得澄澈的事物，自然会变得澄澈。冥想不是去心灵深处乱翻，发掘以往的记忆，陷入分析并努力理解一切。那不是冥想，那是思考——到目前为止，我们都知道思考给我们带来了什么！澄澈会在它该出现的时间以它自己的方式出现。有时候，澄澈会意味着对思维过程更加觉醒。有时候，这种觉醒也许会转移到情感或者躯体感觉上去。无论发生了什么，无论你对什么更加觉醒，请容许它自然发生。因此，不要因为它令人不快或者不舒服而抗拒，也不要试图深入探究它以催促它离开，相反，要容许它以自己的方式、以自己的节奏发生。

记住，这些体验从本质上来讲，是身体和心灵在解开、卸掉它们长期以来一直携带的“包袱”。你对事物看得更通透了，即便体验过程并不总令人舒服，这是非常好的消息——因为这个过程就是放手的过程，而在放手的过程中，我们会开始感到更轻松。

## ※ 草坪

我跳墙逃跑的那家寺院位于科尔迪茨。在那里时，我曾被要求修剪草坪。场地特别大，要剪完一大片地，于是很自然地，我到工棚里去取剪草机。但是我刚把剪草机拿出来，一个资历较老的僧人就过来了，他递给我一把剪刀。“你给我这把剪刀干什么用？”我问道。“你得用它来剪草。”他回答道，语气中更多地带着一种戏谑而不是觉得必要。“你是要看我笑话吗？！”我说，“用剪刀，到猴年马月我才能剪完草，而且如果有剪草机而不用，那要它做什么？”他盯着我说：“第一，不准你用这种语气跟我说话。第二，我没打算‘看你笑话’。住持让你用这把剪刀来剪草，所以你必须用这把剪刀。”我不得不承认：我当时拼尽全力克制自己，才没在这个家伙面前动怒。不过，他之前已经很多次地挑起我跟住持之间的矛盾，所以我没打算反抗，至少这次不会。我掉头走开，手里拿着剪刀，脑子里却是一些作为一个小沙弥所不应该有的想法。

用剪刀剪草跟剪头发有点儿像。我用左手的中指和食指夹住草，右手拿着剪刀去剪。要剪得一样平，我必须脸贴着地，趴到要修剪的那一片草的旁边。总共有三块草坪，光这一块就跟一个网球场面积差不多大。才干了几分钟，我就开始努力计算，剪完草坪需要多长时间。我还开始考虑我的膝盖，草把我的双膝都打湿了。我的脊背也开始因为长时间弯着而疼起来——当然，还因为那个给我剪刀的僧人。事实上，各种想法在我脑中左奔右突。我心中的宁静感彻底消失了，我发现自己很难把注意力集中到手头的任务上来。因为心中充满愤怒，我也完全失去了内心的澄澈。

在那个时候，似乎一切都被愤怒染上了色彩。我不知道你有没有过这种体验，感觉就像是，所有从脑海中闪过的想法都带上了这种愤怒底色，这种底色改变了你看待周围世界的视角。我当时纠缠在这些想法中，执着于水表面的那些涟漪，以至于我根本就看不到这一点。这就好像是，我离愤怒太近了，与愤怒强烈地融为一体，以致我几乎成了愤怒本身，而不是去观察它的存在。因为不能清楚地看到这种愤怒其实源于我自己的内心，我反而寻找东西去给这种情感火上浇油。没错，那个僧人的态度确实不太好，但是我之所以在那里剪草，是出于我自己的意志，并且如果我愿意，我完全可以转身离开。从很多方面来看，这就跟在商店、办公室、工厂，或者任何其他工作场所被要求做一些令人不快的或者无聊的事情一样。事实上，你也许已经辨认出了你自己经历过的“剪草”时刻。从冥想的角度来看，虽然我们需要承认，被践踏、被伤害、被欺负、被欺骗（无论是在工作场合还是在家里）确实是让人不悦的事情，但同样重要的是，我们也要认识到我们某些时候在生活中感受到的愤怒的来源。在我这个例子中，是对方说话的方式引发了我的怒火，但是从那之后，都是我自己的事了。我这么说并不是为那个僧人的态度辩护，而是我要为自己在延续的愤怒中扮演的角色负起责任来。把注意力集中在潮湿的草上和酸痛的背上只会使我的怒火继续燃烧，而不会使我对之放手。在其他日子，换一种不同的心情，我很可能根本不会为这些如此困扰。但是在这一天，我肯定，就算有人告诉我，我中了奖（当然不是我们在寺院里玩的那种），我也会继续生气。要对这么强烈的情感放手不是一件容易的事情。

大约过了一个小时，我的心灵才开始安定下来。奇怪的是，与此同时，我好像开始不那么专注于自己的那些想法，而更多地开始专注于自己手头的活。虽然我同意，用剪刀来剪草不见得每个人都喜欢，然而剪了一会儿之后，我发现这个过程其实可以使人平静。事实上，这个过程本身就成了一种冥想过程。我认为，着急是没有意义的，到底要花多少天来剪草其实没关系。因为我是个完美主义者，所以在努力把草收拾齐整的过程中，其实有一些令人愉快的东西在里面。此外，我对那些想法越不纵容，愤怒的动能就越小。随着愤怒的减弱，我能够更清楚地看到自己内心里发生的事情。我开始对眼前的状况有了洞察力，而这种洞察力又反过来使我的心灵更加宁静。于是形成了一个循环：宁静带来澄澈，澄澈又带来宁静，宁静又带来澄澈。没过多久，我就开始取笑自己，想着如果我的朋友们能看到我现在的样子，他们会怎么想。我得补充一句，我不是第一次遇到这种情况。不过更重要的是，我的心灵现在安定下来了，我不再感到生气了。

## ※ 同一条街

我们常常低估了澄澈的重要性——我知道我过去常

常这样。我过去已经非常习惯了带着困惑的心灵生活，以至于我不知道自己是否具备澄澈（很明显我不具备）。我不停地犯同样的错误——无论同样的情景出现了多少次，我总是以同样的方式应对。我盲目地陷入这些境况，却并不真正知道自己是如何到如此境地的，也不知道如何改变这些状况，并在整个过程中给自己和别人带来很多麻烦。记得很早以前，在尼泊尔的时候，在我刚开始冥想的时候，我跟一位师父讨论过这个问题。我问他，为什么我当时虽然做了很多冥想，却仍然会犯同样的错误。

“设想你每天都要步行去上班，”他开口说道，“你走过同一条街道，看到同样的房子、同样的人，日复一日。”我想象着这种情景。我以前做过几份这样的工作，因此并不需要太多想象力。“在这条街的尽头，有一个特别大的洞，也许是工人挖开这个洞去修里面的管道，但是它非常深，而因为工人喝了太多茶，或者聊天时间太长，所以这个洞好像一直在那里。”他停下来，为这个意象笑了起来。“因此，”他继续说道，“即便你知道这里有个大洞，然而你还是每天沿着同样的街走过去，径直掉进洞里。你并不是有意要掉进去，只是你已经习惯了沿着特定的路线走，习惯了这种行动路线，以至于你做的时候根本连想都没想。”虽然我没法从外在层面理解这一点（我为什么会持续不断每天走进同一个洞里），然而它与我的内在世界显然是一致的。我不知道你是什么情况，但是对我来说，这种描述丝毫不差地映射了我总是落入同样的、旧有的情感陷阱和心理困惑的情形。

“现在，”他说，“在你开始冥想的时候，就好像是你醒来了，更能觉察周围的一切。当你走过这条街道的时候，你看到了你面前的那个大洞。”“但是问题正在这里，”我回答道，“我已经做了很多冥想，而虽然有时候我能看到那个洞，但是每次碰到的时候，我都完全没有办法让自己别掉进去。”他微笑了。“没错，”他说，“最初的时候，你只是看到了那个洞，但是继续沿着这段路走下去的惯性非常强大，你控制不住，只能直直地走进去。你知道这样做很疯狂，你知道自己会受伤，但你就是控制不了自己！”说完他就大声笑了出来。尽管我感到很痛苦，然而我不得不承认，这个意象确实很值得玩味。“你的心灵就是这个样子。你看到了这些陷阱，但是惯性太强大了，你没法阻止自己掉进去。但是，”他突然停顿了一下，又继续说道，“如果你继续冥想下去，你会开始更容易看到这个洞，你将能够采取一些闪避措施。最初的时候，你也许会试图绕过去但最终还是掉进去。这是不可避免的一个过程，但是最终经过练习，你将会非常清楚地看到它，并绕过它继续前行。这样的话，上班的时候你会感到精神振奋。”他又哈哈笑了起来。“然后突然有一天，你也许会变得如此澄澈，如此觉醒，以至于你意识到那里原本就没有洞，不过这就是你以后要明白的事情了。”

这些年来，每次回想这个故事，我都觉得特别有用。它从许多方面对冥想的过程进行了概括。完全没错，冥想只是一个过程。你每天都坐下来几分钟，并不意味着你就会立刻掌控自己的心灵，就会立刻脱离旧习惯的掌控。但这也并不是说，你不会时不时地体验到“灵光一现”的时刻——在这些时刻，你意识到自己一直以来在做什么。这只是说，这个过程将很可能是一个渐进的过程，在这个过程中，每天你都会更早一点看到那个洞，每天都会看得更清楚一些。这样，你终将会避开许多令你备感压力的习惯性反应。这就是觉醒的意义所在，它使我们完全澄澈地看到我们的心灵。

## ※ 剧院

我们在生活中所做的几乎任何事情都会被评判为好或坏、更好或更坏，但是冥想是不分好坏的，而我这样说是有很充分理由的。人们常用来形容冥想的词是“觉醒”。如果你不觉醒，那么你不是在很糟糕地进行冥想，而是你根本就没有进行冥想！你是觉察到了自己的想法，还是没有觉察到任何想法，这些都不是重点。同样地，你觉察到的是令人愉快的情感还是令人不快的情感，这些也不是重点。重点在于觉醒，仅此而已。我的一位师父过去曾像念经一样反复重申这一点。他常常说：“如果你分心走神了，那就不是冥想了。只有在你不分心不走神的时候，才是冥想。没有好的冥想或者坏的冥想之说，只有分心和不分心之说，以及觉醒和不觉醒之说。”事实上，他常常把冥想比作去剧院。

设想一下，你正在观看由好几幕组成的一个剧目。你唯一的角色就是，坐下来，放松，等着剧情展开。指挥表演不是你的职责，跑到舞台上、介入正在展开的故事也不是你该干的事。舞台上演着的可能是个浪漫爱情剧，也可能是冒险动作剧，还可能是神秘情节剧，又或者糅合了所有这些元素。这个剧可能节奏很快，让你没有喘气的空儿，也可能节奏沉稳、令人放松而自在。重点在于，无论发生了什么，你唯一的职责就是观看下去。刚开始的时候，这也许很容易，但是也许故事进展太缓慢，你开始焦躁不安。也许你会四下张望，看看别的东西来聊以自娱，或者你会思考第二天需要做的事情。在这个时间点上，你完全没有觉察到舞台上到底发生了什么。这是在学习冥想的时候常有的事，因此，不要对自己太苛刻。此外，一旦意识到自己心灵游离，你的心神就立刻又回到舞台上，你又开始观看。

有时候，台上的故事也许特别令人不快。在这个时候，我们很难专心看下去。你甚至会开始为台上的演员着想。在这个时候，你也许会代入感强烈到忍不住想大声喊出来或者跳起来为演员辩护的地步。或者，台上的是一个催人奋进的故事，它让你的内心产生了一种令人愉快、令人慰藉的感觉。在这些时候，你也许在演员身上看到了你自己在生活中一直渴望的品质。也许台上的故事让你想起来一段已经结束的关系，于是你的心灵游移到过去的记忆上。你甚至会被台上的故事所激发，坐在那里计划着如何向你 5 年来一直想告白的人告白。

你坐在那里冥想的情景跟观看这部剧的情景有点相似。那些影像和声音不是来自你，同样地，剧中或电影中的影像和声音也不是来自你。那不过是你正在观看、观察和目睹的正在展开的故事。这就是我们要说的觉醒。在你自己的人生中，你自己的故事，需要你去指引方向，需要你去鼓励，但是冥想期间，坐在那里观察心灵的时候，拿把椅子去观众席上坐着是迄今为止最好的观察方式。只有在培养出了这种被动的观察能力之后，你才能体验到澄澈，你在做出决定、做出改变、在充实地生活的时候才会有信心。回想一下我们前面说过的蓝色的天空，它始终都在那里。觉醒不是需要你去创造东西，而是觉察一直都在的东西。我们只需要记住而不是忘记这一点即可。

## ※ 尖叫的人

我记得听过这样一个笑话，有一个人去拜访英国的一个佛教寺院。他渴望尝试一下冥想，而且也听说可以每天跟寺院里的僧尼一起进行一次静修。因此，在询问了几天之后，他被带进寺门，自己去找一个座位。所有的僧尼都在房间前面就座，所有的俗人都坐在僧尼后边。因为不想坐在后面，他往前走了走，走到了房间中央。几乎刚走过去，就咣地响起一记锣声。四下里看了看房间里的其他人，这人觉得这锣声标志着冥想课业的开始。在努力让自己坐舒服之后（他不习惯坐地板），他闭上眼睛开始了。他知道自己应该把注意力专注在自己的呼吸上面，而且他觉得他应该把心灵清空，但是他不知道如何才能办到。事实上，这跟我刚开始冥想时的状态非常相像。

刚开始的时候，他静静地坐着，努力关注自己的呼吸，但是无论他多努力地尝试，他的心灵总是游移不定。于是，他越来越焦虑，越来越不耐烦，越来越沮丧。过了一会儿之后，因为如此纠缠于那些想法，所以他干脆无意识地完全放弃了专注于呼吸的想法。“冥想根本不起作用。我感觉糟透了。进来的时候我心情还好，而现在我感觉心情很差，那么冥想的意义何在呢？我在冥想方面是个废物，我在所有事上都是废物。我人生中就不能有一件事顺利一点、转变一下吗？我就不能哪怕坐下来一个小时，享受一下这种宁静吗？这种状况到底还要持续多久？感觉好像我要一辈子坐在这里了。我记得他们说过只持续一个小时来着，但是感觉就像已经做了两个小时了！”他继续这样想着，一个想法引起另一个想法，沮丧感不断加剧，在这个过程中，他越来越难以安坐。

最后，他的忍耐到了极点。他已经觉察不到“观众”和“舞台”之间的间距了。打个比方，他现在已经离开了自己的座位，到舞台上跑来跑去，在醒着的状态下蓄意搞破坏。他已经成了他的想法“本身”。他不顾一切，一刻都控制不了自己。在完全没有意识到的情况下，他从位于房间中央的位置上跳起来，高声喊道：“我再也不做这个了！”残酷的、具有讽刺性的转折是，他刚喊完，锣“咣”地响了，一个小时的时间到了，冥想课业结束了。

这里面我们可以吸取到好几个宝贵的经验教训，每个都同样重要。首先，如果你想学习一项新技能，你需要正确的指导。如果你心里想着“嗯，就坐在那里观察自己的心灵能有多难”，这是没有用的。因为就跟故事中提到的那个人一样，如果你不知道观察心灵的正确方式，那么真的会非常难。其次，如果你想要学习如何冥想，那么刚开始的时候慢一点。你完全可以刚开始的时候只进行 10 分钟。事实上，如果你之前从来没有做过类似事情，就算 10 分钟也是很漫长的。就跟身体需要经过训练才能跑马拉松一样，心灵也需要经过训练才能长时间地静坐。这个故事也说明了等着冥想结束的危险性。这是一种很常见的体验，就好像是：我们觉得，不管我们如何对待自己的心灵，只要坐在那里不动，我们就是在冥想了。这种深层的期待感，这种等着某事发生的感觉，表明我们的心灵在期盼未来到来，这与让心灵安在当下是相悖的。想一想吧，如果心灵在急急忙忙地努力想要抵达将来的某个时间和空间的话，它怎么可能安然自在地停留在当下呢？

## 十分钟冥想之指导

你已经花了一些时间了解接触冥想的最佳方式（以及如何避开一些常见错误），现在似乎将注意力转向技法本身的时候到了。这个 10 分钟的练习中的某些方面你可能会觉得特别熟悉，因为它们跟你已经做过的 2 分钟练习很相似。虽然到了现在你也许正迫不及待想要开始，然而我强烈建议你，在坐下来开始冥想之前，先读完接下来的内容。虽然下文可能看起来涵盖了所有必要的信息，然而事实上，这不过是个概要而已——只是一个有用的列单，列出了所有你需要记住的要点。在前几次冥想练习的时候，你也许喜欢有这份列单在手边，以防自己忘了顺序。

概要后面是一个更为详细的对这四个部分进行的解释。第一个部分是留意具体操作，使自己做好准备。第二个部分关于驯服野马，以及把心灵带到一个自然而舒服的安定之地。第三个部分很短，在这一部分里，你的注意力将集中在呼吸的起伏中，然后，当你放松地坐下来、享受静默时，你将完全解放自己的心灵。在第四个部分中，你将有意识地努力将沉浸感和觉醒意识带入自己的日常生活和人际关系。

## 十分钟冥想之概要

### 预备

1. 找个地方，舒适地坐下来，腰背挺直。
2. 确保在冥想期间，不会受到人或事的打扰（关掉手机）。

3. 设好 10 分钟的闹铃。

## 签到

1. 做 5 次深呼吸，用鼻子吸气，再用嘴巴呼气，然后轻轻地闭上眼睛。
2. 将注意力集中在身体落座时的躯体感觉、脚放在地板上时的躯体感觉上。
3. 扫描全身，留意身体哪些部位感到舒适和放松，哪些部位感到不适和紧张。
4. 留意自己的情感——比如，你现在处于什么心情。

## 专注于呼吸

1. 留意你在哪个部位最强烈地感受到呼吸时的起伏感觉。
2. 留意每次呼吸所带来的感受，注意每次呼吸的节奏——无论是长还是短，是深还是浅，是粗重还是顺畅。
3. 在将注意力集中到起伏感觉上时，缓缓地数一下呼吸次数，吸一次气数1，呼一次气数2，一直数到10。

4. 重复这个过程，循环5～10次，或者如果时间允许，可以一直循环下去。

## 结束

1. 注意力不再集中，任由心灵随心所欲地忙碌或放松20秒。
2. 将心灵带回到躯体感觉上来，即身体在椅子上的感觉、脚放在地板上的感觉。
3. 在准备好之后，缓缓地睁开眼睛，站起来。

# 十分钟冥想之解释

## 预备

这一部分是让你以正确的方式为冥想做好准备。你会惊讶于竟然会有许多人像疯了一样冲过来，然后快速坐下来闭上眼睛，等着心灵安静下来。那怎么可能会起作用呢？如果之前你的心灵很繁忙，那么在你坐下来冥想的时候，它会需要很长时间才能安静下来。

可能的话，提前 5 ～ 10 分钟让心灵慢下来，这样你开始练习冥想的时候心情状态会正好合适。确保你用闹铃定好了时间，确保在接下来的 10 分钟里没有人或事能打扰你。虽然学习冥想的时候最好是腰背挺直坐在椅子上，但是你也许更想躺下来。虽然躺下这个主意颇具诱惑力，但是身体躺下后，你会很难在专注和放松之间实现平衡，而且你也许会在不知不觉中迷迷糊糊地睡着。如果你非要躺下来，请一定躺到坚硬的平面上去，把胳膊和腿伸开绷直。你还可以在膝盖下面放一个枕头，以便减轻后背下部的压力。

## 签到

这个阶段旨在身心合一。想一想，你是不是经常身体在做一件事，而心灵却在干别的事情，处于游离状态？也许你正沿街走着，但是你的心已经在家里，在计划着晚餐，或者在想电视上正在播放什么节目。我们其实很少能做到身心的时空合一。因此，这是一个机会，这个机会让你在自己所处的环境中安顿下来，让你清醒地觉察到自己在做什么，意识到自己在哪里。

在理想状态下，应该花5分钟左右的时间来“签到”。随着你对整个过程越来越熟悉、越来越熟练，后面你可能觉得不需要这么长时间，但是在这方面也还是不要着急，这一点很重要。有些人做“签到”的时候，会有一种想法，觉得这只是一种可有可无的准备，而不属于真正的练习。他们可能会想：“算了，不要做这个了，我要开始做真正的冥想，把注意力集中在我的呼吸上，让疯狂的心慢下来。”但是心灵的运作方式不是这样的。回想一下野马那个类比，在刚开始的时候要给它所需要的一切空间，而不是立刻将它约束在一个地方。签到其实就是将那匹马带到一个自然的安静之地。

从睁着眼睛开始，你不要一直盯着某个特定的事物，而要柔和地看着前方，把外围的影像也兼顾到——上方、下方，以及两边。然后，你需要做5次深呼吸，用鼻子吸气，再用嘴巴呼气。在你吸气的时候，注意体验肺部充满空气的感觉和胸腔扩展的感觉。在你呼气的时候，任由气体出去，想象自己卸下了一直以来紧紧持有的紧张或压力。在你第 5 次呼气的时候，可以轻轻地垂下眼皮，然后任由呼吸回到自然状态，用鼻子吸气，用鼻子呼气。

在闭上眼睛的时候，你会立刻更敏锐地体察到躯体感觉，会更能体察到自己坐着的姿势。你弯腰了吗？你的手和胳膊完全压在腿上吗？这是你在进入正式练习之前调整这些姿态的好机会。接下来，将你的注意力集中到你身下的椅子给你带来的躯体感觉上，集中到身体重量压在椅子上的那种感觉上。这是你的身体和椅子之间的联系感。注意你的重量是通过你身体的中间部位均匀地压在椅子上，还是更多地压在某一边。现在，你要对脚做同样的事情，注意脚底和地板之间的接触感。接触感最强烈的部位在哪里，是脚跟、脚趾、脚的内侧，还是外侧？你需要在这里停顿一下，时间要足够长，直到弄清楚这种感觉。最后一点，你要对手和胳膊重复这个过程，感受重力的作用，感受胳膊压在腿上的重量，感受手和腿之间的接触。你不一定得对之做些什么，只要能察觉到就足够了。将你的注意力从一种感觉转到另一种感觉，记住，做的时候带一点适度的好奇心。

在这样做的时候，毫无疑问，会有很多想法跳进你的脑中。这是非常正常的，你不需要做任何事情去试图改变这种状况。它们不过就是些想法而已。回想第1章“道路”那个比喻，我们的理念是，不要试图去阻止想法，而要顺其自然，任由想法在你完全觉醒的状态下来来去去。此外，在这个时候，我们要把注意力集中到我们的躯体感觉上，而不要集中到任何想法或情感上，这样你才能任由这些想法在幕后来了又去。

花一点儿时间，留意一下任何声音。这些声音可能离你非常近，或者在另一个房间里，甚至可能在楼外面。它可能是汽车驶过的声音、人们交谈的声音、空调的声音。重要的不是这些声音是什么，而是任由它们来去。有时候，你也许会捕捉到自己“参与”到了某个声音中去，或者在聆听某个对话。这都是很正常的，事实上，一旦你意识到自己沉溺于某个特定的声音，你就会开始注意到其他所有细小的声音。如果你住在繁忙的都市里，那么你可能常常会把外在的声音当成冥想修习的障碍，当作妨碍你产生宁静心灵的东西。但是，事情不一定非得是那个样子。首先，如果你能找到一个安静的房间坐下来，那当然很理想。如果你能有意识地努力承认这些声音，而不是抗拒它们，就会有很有趣的事情发生。喜欢的话，你还可以用自己的其他感官重复这个过程，比如，留意所有强烈的味道，甚至品尝嘴里的东西。这样，心灵会参与到躯体感觉中去。

其次，了解身体的感受。你先大体了解身体各部分的紧张或放松情况。在这个阶段，我们要做的不是改变任何哪种感受，而是做一个了解。第一遍的扫描可能只需要大约 10 秒的时间。这一步就类似于先从外面去打量一座房子。接下来，你需要进入房子，对房子的状况有更细致的了解。为了做到这一点，你需要花大约 30 秒的时间，从上到下对身体进行“扫描”(从头顶开始，一直到脚尖)，留意身体各个部位的感受。哪一部位感到舒适？哪一部位感到不适？紧张的部位在哪里？放松的部位又在哪里？在这样做的时候，你也许会很想将局部放大，只关注那些紧张部位。事实上，有时候你甚至会觉得，好像全身除紧张之外，就没有别的感觉了！但是，请你尽可能系统地扫描全身，既留意舒适感，也留意不适感，不要忘了留意你的手指、脚趾和耳朵带给你的感受。

在扫描的时候，你也许会更为觉察自己的想法和感受，即便你并没有对它们加以特别关注，任由它们来去。一旦意识到自己分心走神，意识到心灵游离，你只需要温和地将注意力带回来，带回到身体扫描上来，带回到中断的地方来。这是很正常的，而且很可能会发生很多次，因此，没什么可担心的。如果你真的注意到了某种特别强烈的情感特质，只需承认它就足以起到作用。

我们常常执迷于自己的想法，忙于一天中的活动，以至于常常觉察不到自己的情感。这也许听起来好像不要紧，但是如果你能觉察到自己的感受，那么你就能对这种情感做出反应。如果你连觉察都觉察不到，你就很可能会发现自己在一天中的某些时段在冲动性地做出反应。我们都见过这种场景——温和的商人或家庭主妇，原本看起来很适应环境，平静地站在超市排队的队伍中，然后却突然失控。也许是他们被手推车撞到了，也许是他们的卡在收银台那里被拒了，这些事情若是在别的时间，他们也许根本就不会在意，但是因为那种深层的情绪，他们突然失控，情绪大爆发。

人们常说，他们对自己的情绪完全一无所知，也没觉得有什么。然而，知道自己一无所知也是一种知道，而且

“签到”这个过程重复的次数越多，你就越会觉察自己的深层情绪。在这个特定的练习中，我们对待情感和躯体感觉的方式是一样的。你所觉察到的无论是一种令人愉快的舒适感，还是令人不快的不适感，这些都不重要。在这个练习中，我们不要求对这种情感做任何分析或评判，只要留意这种情感，承认它，并意识到它的存在就足够了。

最后，你也许会发现短暂地（这里我指的是 5 ～ 10 秒钟的时间）确认一下你的人生现状会有一些用处。你可能正在为某个即将到来的事件感到激动，或者正在为将要进行的会面感到焦虑，或者正在为与某人之间的交谈感到生气，或者正在为自己刚收到的赞扬感到开心。无论你的现状如何，确认一下，意识到它的存在。如果这件事最近在你的心里分量很重，那么它几乎会不可避免地在练习的某个阶段突然出现在你的脑海中。如果你在最初的时候就对此很清楚，那么你其实就对这些想法可以在哪里出现和消失划定了框框。你就不会再沉溺其中了。

我认为，这整个“签到”过程在刚开始的时候应该占到大约 5 分钟的时间，而如果你只有 5 分钟时间，那么你可以只做这个练习——其重要性不言而喻。如果不完成这个过程，那么直接专注于呼吸就不会有什么益处。因此，一定要确保认真完成这一部分。虽然“签到”是冥想中的一部分，然而它在其他场合也有很多用处。你可以在公交车上、在桌边，甚至在排队的时候利用它。在这些场合，你在做深呼吸的时候可以做得更隐蔽些，而如果你正在站着，那么你可以不闭眼睛。除此之外，你完全可以以同样的方式做这个“签到”，而且你能在心里体验到同样的自在感。

## 专注于呼吸

在我们把“野马”带到自然的安定之地后，它也许会继续烦躁不宁一会儿，或者会开始感到厌烦。因此，我们需要给它一些东西，让它专注于此。正如我前面所说，呼吸是可资利用的最容易、最灵活的东西，因此，在这个练习中，呼吸将是首要的专注焦点。

你需先花上一小会儿时间（大约 30 秒）来体察呼吸，特别是气体进出身体时带来的起伏感。最初，你只要留意身体中的哪个部位感觉最强烈，可能在腹部，也可能在横膈膜附近，还可能在胸腔位置，甚至在肩膀位置。无论你在哪里最清晰地感知到它，请你花上一小会儿的时间来留意呼吸起伏时带来的躯体感觉。如果呼吸很浅，很难确定，那么你可以把手轻轻地按在腹部肚脐正下方的位置上——你也许会发现这样很有帮助，甚至很令你安心。这样，随着你的手来回地移动，你可以很轻易地追踪到腹部的起伏。然后，你可以把手放回到原来的位置，把手安放在膝盖上，继续这个练习。

因为呼吸和心灵密切相连，你可能对呼吸发生的位置感到不开心。这话可能会让一些读者感到奇怪，但这其实是一种非常常见的现象。人们常常抱怨没法“自然呼吸”，而只能感受到胸腔的运动。此外，他们说，他们读过一些书，也上过瑜伽课，那些书和瑜伽课的师父指导他们要从腹部大力地深呼吸。乍一听，这种做法很有道理，因为这使得我们自然地把非常放松的感觉（也许是坐在沙发上昏昏欲睡时的感觉，也许是躺在浴缸里时的感觉）跟悠长的、缓慢的、仿佛来自腹部的呼吸联系在一起。如果你坐下来，体验到了那种焦躁的呼吸，那么很自然，你可能会想到自己哪里做错了，但是你其实根本没有做错什么。记住，在这种练习中，只有觉醒和蒙昧之分，只有没走神和走神之分，而不存在错误的呼吸或糟糕的呼吸。当然，在瑜伽和其他一些传统练习中，会有特定的呼吸练习，但是在我们这个练习中，那不是我们的方向。

如果你正在读这本书，已经做到了这一步，那么我暂且假定你在这个时候已经把呼吸做得非常好了。事实上，我猜想，除非你之前已经做过放松练习或者瑜伽练习，否则大部分情况下你可能甚至对自己的呼吸方式毫无觉察。呼吸是自发的，是一项不需要我们控制的机能。呼吸这项机能一般能自然舒适地进行，何况它还具备自然智能。因此，不要人为地进行控制（请你注意我们这里强调的主旨），任由身体自己做自己的事。它会不急不躁地以自己的方式调节自身。有时候，呼吸可能在某个地方表现得更明显一些，而当你去查看它的时候，它又转移了。有时候，它会舒适自在地一直待在某个地方，无论这个地方是腹部、胸腔，还是介于两者之间的某个地方。你唯一的职责就是留意它，观察它，留意身体在自然地做什么。

因此，你不要试图去改变呼吸的位置，而要把注意力放在呼吸这个躯体动作上，放在身体的起伏感觉上。在这样做的时候，可以慢慢地开始注意呼吸的节奏。你身体中的呼吸是怎样的，是快还是慢？在尝试回答之前，你需先花上几秒钟时间体察呼吸。这些呼吸是很深，还是很浅的？你还可以注意这些呼吸是不顺畅的还是顺畅的，是绷紧的还是放松的，让你感到温暖还是凉爽。这些问题可能听起来很奇怪，但它们遵循的是“在冥想中带上适度的好奇心”的理念。这个过程只应该花大约 30 秒时间。

在你充分了解这些躯体感觉之后，现在，把注意力集中到每次的吸气和呼气上。这样做的最简单的方式是在一呼一吸时对呼吸进行计数（自己默默地数）。在感受到吸气的时候数 1，在感受到呼气的时候数 2，以这种方式一直数到 10。数到 10 之后，再回到数 1 上，重复这个练习。这听起来比实际做起来要容易。如果你跟我刚开始时的状态一样，你会发现，每次还没数到 3 或者 4，你的心思就游移到其他更有趣的事物上去了。或者，你可能会突然发现自己已经数到 62、63、64 了，猛然意识到自己忘了在数到 10 的时候停下来。这两种情况都是非常常见的，都是学习冥想过程中的一部分。

一旦意识到自己分心了，意识到心灵游离，你就不会再分心了。因此，你所有需要做的就是温和地把注意力带回到呼吸时的躯体感觉上，然后继续数数。如果你还记得自己走神前数到几，那就从那里开始接着数，而如果你不记得了，就从 1 重新开始。你是不是从 1 重新开始数数都没关系，毕竟成功数到 10，你也拿不到什么奖励。事实上，每次都能从 1 数到 10 是很难的，这有时候让人觉得非常好笑。如果你想笑，笑一笑也没关系。出于某些原因，冥想有时候看起来非常严肃，你会很想把它当成“很严肃的事”。事实是，你往冥想里面带入的幽默感越多，带入的戏谑感越多，它就越容易、越令人觉得愉快。

继续以这种方式计数，直到你设定的闹铃响起，你知道这次修习结束了。然而，先不要从椅子上一跃而起，你还有一项很重要的事情要做。

## 结束

这个部分常常被忽视，然而它却是练习中的重要部分。在计数完毕的时候，让自己的心灵完全自由下来。这意味着不要把注意力集中在呼吸上，不要把注意力集中在计数上，不要把注意力集中在任何事物上。如果你的心灵想要忙起来，就让它忙好了。不需要你花费任何精力，不要去控制它，不要有任何形式的审查，只任由它完全地自由活动。我不知道这个提议会让你觉得很美妙还是很恐惧。无论你觉得美妙还是恐惧，请任由你的心灵放松10～20秒，然后再结束冥想。有时候，在这样做的时候，你也许会留意到脑中的想法实际上比你在努力专注于呼吸上的时候还少。“怎么会这样呢？”你也许会问。如果你回想还没被驯服的那匹野马的例子，你会发现，在拥有一点空间时，它常常会更舒服、更自在，这个时候它往往也不会带来很多麻烦，但是当它被拴得有点过紧时，它往往会乱踢。因此，如果你能把这种豁朗特质代入你在关注呼吸时所采用的技法中，那么你就会开始见识到冥想带来的更多益处。

在任由心灵闲逛了一会儿之后，请你慢慢地将注意力收回到躯体感觉上去。这意味着，将心灵带到躯体感觉上去。请你再一次注意身体和身体下面的椅子之间扎实的接触感、脚底与地板之间的接触感，以及手和腿之间的接触感。花一点儿时间，留意一切声音、一切强烈的气味或味道，慢慢地通过触及和觉察每种感觉回归自我。这样做的作用是，将你完全带回到你所处的环境中。然后，你缓缓地睁开眼睛，慢慢地重新适应、重新聚焦，对周围的空间保持觉醒，带着把觉醒感和身心俱在感带到一天里剩下的时间中的打算，慢慢地从椅子上站起来。要清楚自己接下来要去哪里、要做什么，因为这会帮助你保持那种觉醒感。也许你是要去厨房给自己倒杯茶，也许你打算回到办公室去坐到电脑前，无论你是打算要做什么，这些都不重要。重要的是，在你自己的心里，你要清楚，你有能力在完全觉醒的状态下继续体验每一刻，体验一刻又一刻。

## 研究表明

### 1. 冥想会改变你的大脑形状

来自蒙特利尔大学的研究者研究了冥想者和非冥想者在经历痛苦时大脑反应方面的差别。他发现，跟非冥想者相比，冥想者的大脑中管理痛苦和情感的区域要更厚实。这一点很重要，因为这一区域越厚实，其痛觉敏感性就越低。大脑的这种改变潜能被称为神经可塑性。它意味着，当你坐下来冥想的时候，不仅你的视角会发生变化，而且你的大脑的物理结构也在发生变化。

**2. 正念提高生活质量**

在一个随机的对照研究中，研究者发现，在阻止抑郁复发方面，以正念为基础的方法比药物治疗更有效。现在，有些时候我们的确需要药物，但是这个研究的内容读起来耐人寻味。在仅仅 6 个月时间里，就有 75% 的正念练习者停止了药物治疗。研究者发现，这些人复发的可能性比较低。不仅如此，跟那些接受药物治疗的人相比，这些人感到生活质量“有所提高”。

**3. 冥想使你的皮肤变得更干净**

马萨诸塞大学医学院的一个医学教授进行了一项研究，想看看冥想能否对牛皮癣（一种可以治愈的、与心理压力有很大关系的皮肤病）的治愈产生影响。研究者发现，冥想不但对其他与压力相关的皮肤病有明确的效果，而且患牛皮癣的冥想者的皮肤康复速度是非冥想者皮肤康复速度的 4 倍。

### 4. 正念缓解焦虑和抑郁

在对 39 项不同的研究进行的全面分析中，来自波士顿大学的研究者研究了正念在治疗其他疾病患者的焦虑和抑郁方面的效果。他们发现，冥想对各种健康疾病带来的症状都有较大疗效。研究者总结说，冥想的好处之所以如此广泛，是因为冥想者普遍学习了如何有效地应对困难，因此，他们体验到的人生压力比较小。

### 5. 冥想也许能提高怀孕概率

牛津大学的一项研究，调查了压力对 18 ～ 40 岁的 274 名健康女性的影响，结果发现压力会降低女性怀孕的概率。研究小组的组长提议，冥想这样的技法可以被用来对抗生育力的下降。

因此，这个过程中我需要在专注和放松之间达到一种平衡，这种平衡反映了我通过冥想培养出来的内心平衡。

杂耍动作完美地反映出了我的冥想状态。

# 第③章 整合

它向外界反映了我的内心世界。

如果我的心灵太过于紧张、太过于专注，那么杂耍球的起落过程就不够流畅。如果心灵太过于放松，我的专注度也不够，那么我就接不住球。

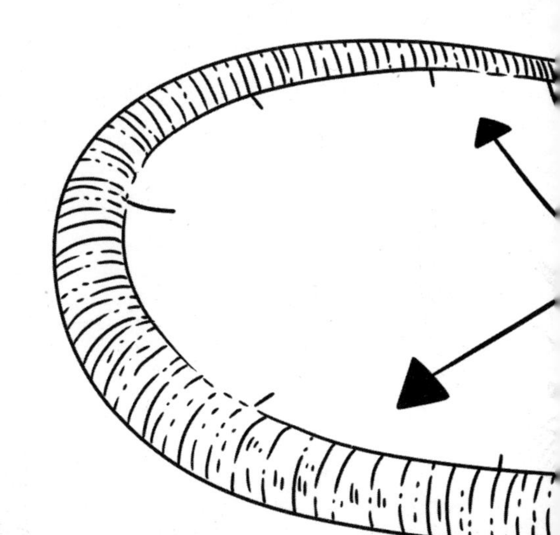

我过去常常以为，冥想就是闭上眼睛坐下来。因此，当早年间我进入一家寺院，不仅接触到静坐冥想，而且还接触到了行走冥想、站式冥想、卧式冥想[㊀]时，我大吃一惊。如果你跟我当初一样，现在你肯定已经在想："噢，太棒了，卧式冥想很适合我！"不过，我很抱歉地告诉你，其实不是那样的。虽然你可以从卧式冥想中获得很多益处，然而，如果你能学着端正地坐在椅子上冥想，你的修习会更有效果。这四种冥想姿势并不是供我们根据自己的意愿去随意选择的，而是引导我们进入正念之门的。如果你回想一下本书的导言，你就会发现，正念只意味着心

㊀ 静坐冥想又称坐禅，行走冥想又称行禅，卧式冥想又称卧禅。——译者注

在当下、心无旁骛、心在此刻，与之相对的则是陷入深思、困于情感。通过学会如何在四种姿势下进行冥想（认真想一下，你就会发现，我们不是在从一种姿势换成另一种姿势，就是总在采用某种姿势），我们同时也是在学习如何在这四种姿势下修习正念。

你也许会忍不住想："没错，但是我敢说静坐冥想才能使奇迹真正开始发生。"因此，为了让你了解一下在冥想的全面训练中其他三种姿势的重要性，我们以这家寺院的日常日程安排为例。

我们在凌晨 2:45 起床，在 3 点的时候开始冥想。我们在清晨 5 点的时候吃早饭，午饭时间是 11 点，在下午的时候，有一次简短的下午茶休息时间（按照这家寺院的传统，我们过午不食，因此我们晚上的时候不会有晚餐休息时间）。我们最后在大约晚上 11 点的时候上床睡觉。说到这里你可能已经算出来了，这种安排保证我们每天总共有大约 18 个小时的正式冥想修习时间。在这 18 个小时里，有一半时间，我们在做行走冥想或站式冥想，而剩下的一半时间在做静坐冥想，这几种姿势我们是一个接一个地换着进行。它们各自的重要性就体现在这个日程表里。

至于卧式冥想，学习这种冥想纯粹是为了入睡（或者是身体差到实在不能进行静坐冥想）。以这种方式入睡，其背后的理念是，如果你能保持正确的卧姿、保持良好的心情，那么在整个夜间你便能保持一定程度的觉醒。事实上，寺院中对这一点是如此重视，以至于每天师父会问的第一个问题就是："你今天早上是在吸气还是在呼气的状态下醒来的？"在最初被问到这个问题的时候，我常常以耸耸肩作为回答。你可以试一试，卧式冥想做起来绝对没有听起来那么容易。然而经过练习，你会很惊讶地发现，你很快会对这些细节充满觉醒。

我清楚地记得自己第一次意识到以这种方式对身体保持正念觉醒的意义所在。我的冥想常常不是在正式修习中发生的，而是后来当我在路上走着的时候发生的。在那之前，我已经理解了正念的概念，但是并未充分认识到它的潜能。当时我正走在街上，走路的方式就跟你平常走路的方式一样，不过我走的时候运用了行走冥想中的一些操作指南（具体内容你将在下文中见到），突然之间我发现，当我沉浸在走路这个过程中，沉浸在躯体感觉上时，我的脑海中没有任何想法。如果我一门心思专注在一件事上，那么我不可能同时分心到另一件事上。因此，在没有刻意忽略或抗拒内心想法的情况下，当我的心思专注在别处的时候，这些想法自然地自行消失了。

乍一听，你可能觉得这个发现没什么特别的。事实上，你甚至会觉得这听起来非常显而易见，但是如果真的如此显而易见，那么我们肯定会一直这么做。只有在我们纠结于所有那些想法的时候，我们才会感到有压力。对我来说，我当时意识到心灵在某个时间只能存在于一个地方。没错，有时候它会如此快速地从一件事情移到另一件事情上，以至于我们会觉得它同时存在于多个地方，但这其实只是一种幻觉。事实上，在我把注意力完全集中于走路时的躯体感觉时，我的心灵不再沉溺于想法。我为这个理念感到激动不已，我幻想着自己的新人生将会多么美好：始终活在当下，不会因思绪走神分心。事实上，我完全被这个理念冲昏了头脑，以至于在不到几分钟的时间里，我完全失去了所有的觉醒感，完全重新陷入思绪！正如我之前所说，我认为，最好是把觉醒视为一滴滴流入水桶的水滴，而不是把它视为会立刻转变人生的雷霆。

# 行动中的正念

虽然需要持续不断的努力才能做到觉醒，然而正如冥想技法一样，我们所需要的这种努力是一种不需要努力的努力。这种努力只是记得留意自己什么时候陷入想法或感受，以及在觉察到自己深陷其中时，调整自己的注意力，把它重新集中到某个特殊的关注焦点上。这个关注焦点可以是：你正在吃的食物的味道、你开门关门时胳膊的动作、你的身体压在你身下的椅子上时你的重量、你在冲澡时水冲到皮肤上的感觉、你在锻炼身体时心跳的声音、你和你的孩子身体接触时的触感、你在刷牙时牙膏的味道、你拿着杯子喝水时那个简单的动作……无论这个关注焦点是什么，这都没关系。你可以将觉醒应用到你所做的任何小事上——无一例外。你可以将它应用到被动或积极的活动中，应用到户内或户外的活动中，应用到工作或玩耍中，应用到个体活动或群体活动中。

如果你是正念训练方面的新手，那么最初的时候，我说的这些也许会让你觉得困惑。经常有人问我："这样是否意味着他们现在沿着街道走的时候，必须得闭上眼睛，同时观察自己的呼吸？”首先，请不要这么做！这样做的话，你很可能会撞到车。其次，我们现在讨论的是整体正念，而不是具体冥想，因此你没有必要闭上眼睛，没有必要专注于呼吸。最后，正念意味着心在当下，意味着对自己正在做的事情、自己身处的地方保持觉醒。你不必改变自己平常的行事方式。你唯一需要做的就是保持觉醒，而保持觉醒最简单的方式就是让注意力有关注的焦点。每当你意识到心灵游移的时候，只需要将注意力带回到原来的焦点上就可以了。

我最喜欢的一个例子是刷牙。这是一种大家很熟悉的活动，它有着明确的关注焦点，而且这种活动一般只持续几分钟，因此你完全能够做到自始至终保持觉醒。当然，这种方法跟大多数人平常刷牙的方式是完全不同的，人们平常刷牙的时候都是尽可能地快，边刷牙边想着接下来要做的事情。我们需要体验这两种刷牙情形，才能完全理解两者间的差别。试一下，你会有什么感觉？你很可能会发现，刷牙是对躯体感觉保持觉醒的最容易的方式，你很可能会以刷牙作为自己的关注焦点。这样的话，你的关注焦点可能是牙刷与牙齿摩擦的声音，还可能是胳膊来回移动时的躯体感觉，还可能是牙膏的味道或者气味。一次只把注意力集中在某一点上，你的心灵会渐渐感到平静。在这种平静中，你可能会留意到自己不知不觉已陷入沉思，或者注意到自己正急着想要开始下一件事。你也许会注意到，你在刷牙的过程中太过于刻意或者随意。你甚至会注意到有种无聊感。所有这些观察都将证明，它们会向你展示出你的心灵在那一刻的状态。稳定的、宁静的、专注的心灵和失控的心灵之间的区别在于，前者强化觉醒。以喝水为例，请你花时间留意喝水过程中的体验，而不是仰起脖子飞快地一饮而尽。你上一次真正去品尝一杯水是什么时候？在拿起水杯的时候，你可以体察杯子的温度和质地。你可以体察手往嘴边凑时的动作。你可以体察水在进入口腔时的味道和质地。如果你真的倾听自己的身体，你甚至能注意到水进入喉咙一路向胃部流过去的情形。在这其中的任何一个阶段，如果你注意到自己心神游移了，只需将注意力拉回到喝水这个过程中即可。

在开始将这种专注方法应用到各种情形中时，你会发现，它对心灵有着很好的安抚效果。你不仅会心神俱在地体验到自己所做的一切事情（实际上，就是充实地生活），还会感到心平气和，而伴随着平静而来的是澄澈。你会开始看清自己的思维方式和感受方式，并明白自己为什么会有这样的思维和感受。你会开始注意到心灵的活动路径和习惯，而这样做会使你获得选择权，以便选择自己的生活方式。这样，你就不会跟着破坏性的或者无成效的想法和情感随波逐流，而是以自己真正喜欢的方式做出回应。

一个常见的问题是：如果有别人在场，这种专注方法要怎么实施？如果我们跟别人在一起时，注意力却集中在别的事物上，会不会很无礼？这常常让我觉得好笑，因为这表明，通常情况下，我们是如此专注于别人的话语、别人的情感、别人的感受，以至于我们几乎没有时间专注别的事情。事实上，这种情况很少发生。相反，我们常常被自身的想法分了心，以至于根本没有真正听到别人在说什么。假设一下，你在路上跟一个朋友边走边聊。虽然走路是一个相对而言自发的、无须意志支配的举动，但是你仍然需要有一定的觉醒意识，以免撞到别人身上去或者走到车子面前去。在这些觉醒时刻，你的注意力可以轻易地切换到听朋友说话和跟朋友说话中来。这并不意味着相比较平时而言，你减少了对某些事情的关注，而只意味着，你的注意力根据需求从一件事转到另一件事上——在这个例子中，你的注意力从对自己周边环境的觉察转向了对你与朋友交谈内容的觉察。此时，你对闪过的想法和情感的觉察可能不如你坐下来做冥想修习时体验到的那样精细——至少最初的时候如此，但是它重在觉醒意图的应用。你越经常这样做，它就会变得越容易、越精细。觉醒真的会使你“回到”他人身边。有一位来过我诊所的女士曾说，在将觉醒应用到自己的孩子身上之后，她有了一种真的跟孩子在一起的感觉。她说，以前虽然她的身体跟孩子在一起，她的心思却常常在别处。自从带孩子的时候更为觉醒之后，她的心真的沉浸在当时的体验中了。这会对我们所有的人际关系带来重大影响。想象一下，假如有人把全部的、毫不分散的注意力投注在你这里，这会给你带来什么体验？想象一下，你把同样的专注回馈给别人，别人又会有一种什么样的体验？

## ※ 没时间的僧人

现在你知道了，正念的美好之处在于，你不需要抽出额外的时间来修习。它所要实现的不过是训练你的心灵，使你的心灵专注于自己的活动，而不是沉浸在其他想法中。这给那些声称自己没有时间对心灵进行训练的人提供了答案。很久以前，我听说过一个美国冥想者，他曾在泰国受训做过僧人。他是在 20 世纪六七十年代，跟当时无数追随嬉皮士脚步的人一起跑到亚洲去的。在游历期间，他对冥想越来越感兴趣，并确定自己想要全职学习冥想。于是，他跑到当时泰国最为知名的一个师父那里，在那家寺院定居下来，开始练习，并最终成为一名僧人。那家寺院有着从许多方面来讲都很严格的训练日程安排，他们每天要么做正式的冥想，要么干活。他们每天大约冥想 8 个小时。

如果你没在寺院或静修中心住过，那么你也许会觉得 8 个小时听起来太长了，但是在这些地方，8 个小时其实是非常短的。当然，剩下的时间也是在训练心灵，以正念的形式将觉醒应用到日常生活的杂务中。然后，鉴于当时有非常成熟的亚洲旅行路线，他在那里停留期间，有许多其他的西方人去那家寺院。许多人会在那里待几个星期，然后继续旅行。在寺院停留期间，他们不可避免地会与住在那里的西方人交谈。正是在这种交谈中，他听说在缅甸的寺院里，人们一天要做多达 18 个小时的正式冥想。他跃跃欲试，想在冥想上取得快速进步，于是开始认真地考虑去缅甸寺院的事。不过他对是否离开一事犹豫不决，毕竟他当时追随的泰国师父非常有名，受人敬仰。

几个月的时间过去了，他就这么在是否离开一事上苦苦思索。如果追求的是开悟，那么去缅甸的寺院里一天进行 18 个小时的冥想，他实现目标的概率毫无疑问更大一些。目前，他有许多不同的活要干（清扫、拾柴火、缝袈裟），以至于他觉得，好像根本没时间进行冥想。此外，他还觉得他的训练遇到了困难，他觉得他所干的那些活妨碍了他的进步。过了一段时间之后，他去见他的师父，告诉对方他想要离开。他本来心里暗暗希望师父能看到他对冥想的虔诚和投入，然后给他机会，让他留在这个地方多做一点冥想，但师父在听到消息后却只平静地点了点头。

到了这个时候，他被师父看起来漠不关心的态度激怒了，一时不知所措。“难道你就不想知道我为什么离开吗？”他问道。“那你就说说。”师父平静地回答道，仍然不为所动。“那是因为我们在这里没有时间冥想，”他回答道，“很明显，在缅甸那里，人们一天做 18 个小时的冥想，而在这里，我们每天做不到 8 个小时。如果我一天到晚做饭、打扫、缝衣服，我怎么可能取得进步呢？我在这里根本就没时间冥想！”师父严肃地看着他，脸上却挂着微笑，问他道：“你是在跟我说你没时间保持正念吗？你是在跟我说你没有时间保持觉醒吗？”因为完全沉浸在自己内心的对话中，刚开始的时候这个人完全没明白师父的意思，反击道：“对。我们总是忙着干活，根本没有时间身心俱在。”师父笑了。“那么，”师父回答道，“你是在跟我说，当你扫院子的时候，你没有时间去留意扫地动作？你在熨烫袈裟的时候没有时间去留意熨烫动作？训练心灵的要义就在于变得更加觉醒。无论是坐在寺院里闭着眼睛的时候，还是睁着眼睛扫院子的时候，你都有同样的时间去训练心灵！”

这个人显然陷入了沉默，意识到自己对心灵训练存在误解。跟许多人一样——包括我自己在内，他一度认为只有在静坐不动进行冥想的时候，我们才可能对心灵进行训练。事实上，心灵训练远比静坐冥想灵活得多。正念修习本身就向我们说明了，如何能将心灵的同一种特质应用到我们所做的每件事上。我们过的是忙碌的生活还是久坐的生活，这并不重要，因为无论我们是在路上奔忙，还是在家里的椅子上静坐，我们有一样多的时间可以保持觉醒。同样地，我们从事的是什么工作也并不重要。我们每个人都是一天 24 个小时，因此我们有同样多的时间进行觉醒训练。无论我们觉察到的是躯体感觉、情感、想法，还是这些想法的内容，反正都是一种觉醒，我们总有保持觉醒的时间。

## 点到点的一天

你还记得你刚入学时所做的点对点绘画吗？就是那些用小圆点在地图上标出一幅图画的绘画。事实上，那些小圆点如此紧密地靠在一起，以至于你需要做的不过是把那些小圆点连起来，最后感觉好像是自己完成了一幅杰作。点对点的这个理念简单地证明了，正念也可以成就如此大业，而不只是孤立的一天一次的冥想练习。拿出一张白纸，试着很缓慢地在纸上画一条直线。我想，就算你眼力很好，这条线也会有些歪歪扭扭。如果你握笔不稳，那么线会歪扭得更厉害。假设这条线代表着你在一天中的觉醒状态的连贯性，当你觉醒的时候，你往往会感到平静、专注、有目标、有方向。然而请记住，即便你体验到的未必是令人愉快的情感，你也仍然会在这些情感之余有一种豁朗感，多几分洞察力，多几分情感稳定性。然而，跟在纸上画线条一样，对大多数人来说，觉醒的连贯性往往看起来摇摆不定。

也许在你醒来的时候感觉棒极了，以为是周末，但是你随后意识到这一天其实是工作日，于是你突然陷入抑郁。你起了床，被猫绊了一下，大声叫骂着，进了浴室。吃完早饭，你的精神振奋了一些，你开始想也许这一天也没有那么糟糕。然后，就在你要出门的时候，你收到了老板发来的电子邮件，让你晚上加一会儿班。“一贯如此，”你想道，“倒霉的总是我。”你走出前门，把门重重地摔上，这一次，你咒骂的时候压低了嗓子。你到了办公室，意识到不仅你，其他所有人都被要求晚上加班，于是你不自觉地开心了些。然后，你注意到桌子上有一大盘蛋糕，你笑了，心里升起一股想要吃它的渴望。“一定是今天有人过生日，”你自言自语道，“但愿工间小憩时间早点到来。”你随后又琢磨了一会儿，你最近一直在节食，而且进展良好，你真的想要吃这些蛋糕吗？不过话说回来，你也一直致力于要对自己更好一点儿，所以也许你应该吃了这些蛋糕。你感到很困惑，两个想法在脑海中打架：想吃这些蛋糕，不想吃这些蛋糕。时间就这样流逝，你一直陷在周围的事情所引发的情绪涨跌中。在这一天中，始终没变的一点是，你的想法决定了你的情绪，觉醒缺席，想法控制了局面。

现在，请你试着设想一下，有一张纸，从一边到另一边上面满是小圆点，每个小圆点都跟旁边的小圆点挨得非常近。现在，请你试着同样画出一条直线。我想，现在你做起来肯定容易多了。你所需要做的，不过是专注于从一个小圆点出发到达另一个小圆点。你不需要提前想到纸的另一端多么远，而只需要想几毫米这么远，只要保证一个小圆点直达另一个小圆点就行。突然之间，画一条直线没有那么难了。如果我们继续用这条线作类比，用它来代表你在一天中的觉醒意识（并由此代表你的情感稳定性），那么很明显你这一天的状态会非常好。

也许，你应该把正念视为你可以在一整天中运用的东西，而不是只想着在每天早上 10 分钟的冥想中保持正念（然后努力设法过完剩下的 23 小时 50 分钟，直到再次开始冥想为止）。记住，正念的全部意义就在于将你的全部注意力集中到你任何时候所做的任何事情上。这种做法带来的影响是，你不可能再去想你宁愿自己在哪里，宁愿自己在做什么，宁愿事情完全是另外一种样子（所有这些想法都会使你紧张不安），因为你将身心集中在你所做的任何事情上。

因此，请你不要在意识到是工作日时陷入不良情绪，相反，要看清自己对此的反应，观察情绪是如何来了又去的。被猫绊倒之后，请你不要大声咒骂，怪罪你的“喵星人”朋友，而要弯下腰看看，确认它没事，要把关注焦点放在那只猫的安康上，而不是你自己内心的沮丧上。忘了自己的沮丧，这个简单的利他举动会使你重新开始这一天。随着时间流逝，请你有意识地、专注地、觉醒地将注意力从一项活动转向另一项活动。

## ※ 分心的人

这种每一刻都保持觉醒和清醒的理念可能非常令人

振奋。我们的人生太容易陷入放任的状态，太容易任由岁月从我们身边流过。早些时候，有一个客户来诊所找我。他来不是因为他的医生把他转诊到我这里，也不是因为他患了某种精神疾病，而是因为他说，他感觉自己越来越脱离自己周围的世界，越来越陷在与工作有关的想法中，他不知道自己该怎么办。这不仅影响了他的内在情绪，而且开始影响他的人际关系。他说，他的妻子厌倦他永远都不真正聆听她说的话（他自己说事实确实如此），他的孩子们总抱怨说他永远处于缺席状态。事实上，其中一个孩子告诉他说，就算他的身体陪着孩子，他的大脑也似乎总在别处。这个评价成了压倒他的最后一根稻草。从自己的孩子那里听到这样的话，他感到自己的心都碎了。因此不难理解，他非常伤心，他担心，如果他不采取行动改变这种状况，那么家庭将会分崩离析。

在最初的几个星期里，我们一起致力于为正念打下坚实的基础，我们的重点放在冥想上，每天抽出 10 分钟，让心灵安定下来。最初的时候，他很抗拒这个理念。“我已经很难抽出时间来陪家人了，我还再多抽些时间为自己，我怎么跟家人交代啊？这样是不是太自私了？”这种观点很常见。因此我解释说：“你在这里做的是训练你的心灵，这样你才能真正把心放在别人那里。如果你总是陷在自己的想法中，你怎么会开心，又怎么会与别人建立亲密感呢？因此，你不是在从家人那里剥夺，而其实是在给予。你是在给他们一个更好的丈夫、更好的父亲，给他们一个真正把心放在他们那里的人。”仅仅花了不到一个星期的时间，他就非常直接、非常明确地体验到了两者之间的联系。事实上，在接下来的冥想课业中，他来的时候脸上带着灿烂的笑容，很自豪地大声说：“我整整一个星期没冲孩子们吼过了！”

进行到第三个星期的时候，我热衷于引导他开始了行走冥想。我不是让他走得比平常慢，而是以正常步伐在外面到处走动的同时，保持觉醒。这个时候，通常情况下“正念顿悟”已经实现，对心灵的训练完全可以更进一步，而不只限于闭上眼睛坐着进行。在一边解释技法，一边跟他一起绕着街区走了几次之后，我让他独自做了一次简短的练习。练习的第一部分是在非常安静的街道上进行的，在那里他比较容易集中注意力。第二部分是沿着一条非常繁忙的路展开的，路上有很多车辆和行人。10 分钟之后，他散步归来，回到诊所。

“我已经在这附近生活了15年，”他说，“我几乎每天都沿着同样的街道走，但这是第一次，真的是第一次，我真正看到这条街道。我知道这听起来有点荒唐，但是事实确实如此。这是我第一次注意到街道两边房子的颜色、车道上的汽车、花的香气、鸟的叫声。”真正触动我的是他接下来说的一句话，他带着一脸真真切切的懊悔之情说：“这些年我到底在哪里？”

我们中有多少人一直都是这样生活的？沉浸在对过去的回忆和对未来的规划中，如此全身沉浸在思考中，而完全没有意识到当前发生的事情，对周围展开的生活浑然不觉。当下此刻的感受是如此平常，以至于我们把它当成理所当然的事，然而事实上，它并不寻常，毕竟我们很少在当下此刻感受过当下此刻。与人生中的其他事物都不同的是，你不必从任何地方获取它，也不必做任何事情去创造它。无论你在做什么，它就在这里，它就在普通平常的日常活动中，如就在你吃三明治的动作中，就在你喝水的动作中，就在你洗碗的动作中……这就是正念、心在、觉醒的要义所在。

## ※ 玩杂耍的僧人

在我做僧人的时候，有很多事情是不准做的。不过，如果你在寺院生活，戒律都还是可以接受的，因为寺院日程都安排得很紧凑，你大部分时间要么在冥想，要么在做某种活计。因此，情况并不是如你想的那样：坐在那里想如果自己不是僧人要做点什么。此外，你身边的每个人都在做同样的事情，因此你也没多少比较对象。但是，如果在寺院之外像僧人一样生活，那么你就失去了那种有条理的安排，生活就会变得更复杂一些。事实上，这个时候，从事一些有益健康的活动就变得更为重要。我在莫斯科的公寓建于苏联时期，设施陈旧。住在那里的第一个冬天，在我学会用报纸和玻璃纸做成双层玻璃之前，窗户内侧挂着厚厚的冰；墙纸烂巴巴地挂在墙上，只剩下几处了；在混凝土天花板上，这里露出一点金属，那里露出一点金属。然而这个公寓所在的地理位置弥补了它的一切缺点。它位于莫斯科西北部一个很大的湖边，这里以其清新的空气和浅黄色的沙滩而出名。

身为僧人，在这里进行日光浴显然是不合适的，但是在夏天天气很热的那几个月里，我常常到湖边的公园里去，在那里玩杂耍。我仿佛“听见”你在问：“你在那儿做什么？你的意思是日光浴不合适，但是像小丑可可那样玩杂耍却可以？”这么说既对也不对。找一种令人愉快的方式在正式的冥想修习之余放松一下显然是合适的，而对我来说，这种方式就是玩杂耍。我想我本可以一天到晚坐在自己的公寓里面冥想，但是我非常需要时不时去做些运动。因此我就玩杂耍，常常一玩好几个小时。我发现，杂耍动作完美地反映出了我的冥想状态。它向外界反映了我的内心世界。如果我的心灵太过于紧张、太过于专注，那么杂耍球的起落过程就不够流畅。如果心灵太过于放松，我的专注度也不够，那么我就接不住球。因此，这个过程中我需要在专注和放松之间达到一种平衡，这种平衡反映了我通过冥想培养出来的内心平衡。我想，这就是大多数人所描述的“巅峰状态”，你肯定也时不时地体验过这种状态，也许是在玩某项运动的时候、画画的时候、做饭的时候，或者做某些其他形式的活动的时候。

有一天，我同时耍 5 个球。如果你曾耍过球，那你就知道，每增加 1 个球，都需要更长的时间才能熟练掌握。比如，如果你在一周里学会了耍 3 个球，那么也许你需要 6 个月时间去学习如何耍 5 个球。我当时练习耍 5 个球已经练了几个月，大体上能够在任意时间点使所有的球都停留在空中，但是我做得还不够好。我的大脑处于高度紧张状态，慌乱地努力调整每个球的起落，调整的时候常常动作过度。我需要具备真正的放松和自在感才能使球平稳流畅地起起落落。然后有一次，我忘了去调整动作。虽然这听起来有点奇怪，但是我的确忘了。我当时一直在想耍球前刚发生的一些事情，因此，没有了平常耍球时的那份尽力、那份预判，以及对要达成的结果的期望。我只是把球扔起来，然后开始耍起来。结果不可思议。事实上，当时的情景很像《黑客帝国》里的情形。我记得，当时好像时间畸变了。不错，我也曾在冥想的时候，感觉 50 分钟就像 5 分钟，而且也经常感觉 5 分钟好像 50 分钟，但是在此之前我未曾在日常活动中如此清晰地遇到这种情况（如果玩杂耍可以被称为日常活动）。在那个时候，时间好像静止了。那些球好像就悬停在空中。我有时间去看它们，一个个地看，同时思索着如何能把这个球往左边移动一点，然后把那个球往右边移动一点。这就好像有人按下了慢镜头按钮一样，不可思议。当我脑中不再有左奔右突的各种想法，不再努力想接住一个又一个球的时候，莫名地就多出了一个时间和空间。这可能是脑中左奔右突的想法要给思考的事情让路。这并不意味着你没法一边快速做事，一边保持正念——这当然是可以的。这只意味着身体的快速移动和心灵的快速行动是两件完全不同的事。

## ※ 耐心的瑜伽修习者

用我在出家为僧时从我的一位师父那里听来的一个故事结束这一部分非常合适。乍一听，这个故事好像跟日常生活没有任何关系，但是实际上，它很大程度上体现了正念的精神，体现了正念可以被用来做什么，还表明了正念的本质多么容易被忽略。这个故事跟一个瑜伽修习者有关，他当时正在实践一种特殊的冥想技法，这种技法建立在培养耐心的基础上。一个没耐心的瑜伽修习者真的存在吗？真的存在，没耐心到现在还是一种普遍现象。不管是在家里辛苦与新生儿不眠之夜做斗争的妈妈或者爸爸，还是在等车的上班族，或是坐在山顶上百折不挠地追求顿悟的瑜伽修习者，每个人都时不时地会失去耐心。

在意识到自己越来越没有耐心之后，这位瑜伽修习者跑到他的师父那里，师父向他传授了这种特殊的冥想技法。然后他拜别师父进了山里，找到一个洞穴住了进去，开始修炼。如果你对他一个人在山里的生存感到好奇，那我告诉你，山里实际上有一个很棒的供养体系，当地人会时不时地向山里供应基本的食物。由此，这位瑜伽修习者得以远离一切可能的分心事物，但又不至于远到得不到别人的帮助。总而言之，这个修习者找到了一处很适宜的洞穴，然后很快就沉下心来，致力于寻找他与生俱来的耐心——他的师父跟他保证说，他一定有这样的耐心。几个月过去了，这位修习者仍然在继续冥想，当地村里的人大为震撼。

不久之后，一位师父游历到这个村子。这位师父非常有名，当地人很敬重他，他们急切地告诉他，有一个他的“同道中人”在山上的洞穴里勤修苦练。这位师父对此产生了兴趣，就问当地人能否去探望这位修习者。最初的时候，当地人说，那是不可能的，修习者在一个狭窄的、与世隔绝的隐修地。鉴于这位师父一再坚持，而且又如此德高望重，大家最后跟他说了前往那个洞穴的路。在最终到达洞穴、喘了口气之后，这位师父往黑暗中仔细看去，去寻找修习者。在看到对方在那里坐着冥想之后，他轻轻咳嗽了一下，想让这位修习者知道他的存在。修习者没有动。于是这位师父又稍微大声地咳嗽了一下。这一次，修习者睁开了眼睛，想看看谁在那里，因为没有认出这位师父，于是又闭上了眼睛，一句话也没说。这位师父不知道该怎么办，虽然不想打扰修习者，但又特别想更多地了解修习者正在进行的耐心修习。

于是，这一次这位师父咳嗽的声音更大了："抱歉，打扰你一下，能不能占用你一点时间?"修习者什么都没说，但看起来好像因为被人打扰而产生了一点点情绪波动。这位师父再次重复了他的请求。这一次，修习者的眼睛睁得大大的，终于开了口："难道你没看到我在这里努力冥想吗？我正在努力完成一个很重要的耐心方面的修习。""我知道，"这位师父说，"这正是我想跟你探讨的事。"修习者猛地吸了一口气，然后发出重重的叹气声："求你了，别打扰我，我不想跟你探讨。"修习者闭上了眼睛，继续他的冥想。这位师父不肯罢休，继续设法跟修习者说话。"我真的想跟你探讨，"他说，"我听说你在这个修习中取得了很大的进展，我很想听你谈谈自己的经验。”此刻，修习者的情绪已经快要上来了。他费尽心力跑到山里来就是为了躲开干扰，如今却要在这里跟这样一个人打交道。因此，他坚持要让这位师父离开，言语中透露着不耐烦。

这位师父在洞外又站了几分钟之后，决定最后再试一次。他大声呼喊修习者：“告诉我，从你的冥想中，你对耐心有了哪些了解？”修习者此时已经一刻都无法控制自己，他从坐的地方跳起来，从地上抓起几块碎石，朝站在洞穴入口处的那位师父用力地扔过去。他高声尖叫：“你一直不停地打扰我，我怎么可能有耐心进行冥想？”盛怒之下，他不断地朝那位师父扔石头，把他赶走了。当修习者最后手里实在没有石头了，那位师父回过头来嘲笑道：“我看得出来，你对耐心的修习进展很不错。”

冥想毫无疑问是正念修习的重要基石。连每天进行10 分钟的冥想都做不到的人，还想在日常生活中修习正念，这就好比他想在松散的鹅卵石上为一座房子打地基。这绝对不会像你在坚硬的地面上打地基一样牢靠。如果冥想并不能改变你的感受和行为，那么冥想又有什么好处呢？记住，获得更多头脑空间的意义在于使你自己的生活以及你身边那些人的生活变得更加舒适。如果你打算在跟第一个人接触的时候就失去从冥想中得到的宁静感，那么冥想又有什么好处呢？你可以试着把冥想看成一个平台，在接下来的 24 小时里以这个平台为基础活动。如果你能保持觉醒，那么这种宁静感将会使你有能力对任何局面灵巧地做出反应。如果你苦苦陷在自己的故事里，那么你会失去所有觉醒，那样的话，你也许会发现，你的反应跟这位修习者一样冲动。

## 日常生活中的正念练习

虽然每天坐下来 10 分钟或更长时间练习某种冥想技法会让人感觉很棒，但是，只有当你开始将之应用到日常生活中时，正念的优点才会真正显现。在本书的这个部分中，我将我最喜欢的几个针对日常生活的正念练习放在了一起。这些练习包括正念饮食、正念行走、正念锻炼，以及正念睡眠等方面。跟以前一样，虽然你可能很想直接跳到每一部分结尾处的技法那里，但这些练习的意义远不只是那简单的几行说明。我希望针对每个活动的说明和故事既能阐明对应技法的全部可能性，同时又能传达出这些技法的特征。

## 正念饮食

你多久没有真正品尝食物的味道吗？大多数人往往会承认，他们只在最初几口会品尝味道，这只肯定了一点：他们吃着自己认为该吃的东西，然后进入半觉醒的进食状态。我指的不是半昏迷的状态，而是他们已被卷入其他活动中，比如思考活动。从盘子上来回移动叉子，或者把三明治喂到嘴里并不是多么复杂的事情，因此我们培养出了不用思考就能进行这些活动的能力，就跟我们走路时的情况一样。

对喜欢同时进行多项任务的人来说，这听起来好像是梦想成真了。这种做法意味着我们可以坐下，一边吃着饭，一边看着报纸、在电脑上工作、讲着电话，或者心里想着即将到来的晚上或周末的计划。同样常见的是，我们在疲惫地下班回到家的晚上，脑子里已经开始思考第二天早上还得早起的事，或者让孩子上床睡觉的事。这样做带来的结果是，我们尽可能在最短的时间里准备饭菜，尽可能在最短的时间里做好饭菜，然后尽可能在最短的时间里吃完。假定我们没有在路上匆忙地买下快餐，然后在走进家门前就吃完的情况下，我们才这样做。我并不是说这样做不对，本书的目的并不在于告诉你：你应该吃什么，你应该在哪里吃，以及你应该怎样吃。这些都取决于你自己。我想简单地解释一下将正念和冥想应用到吃饭这样的简单活动中会带来什么不同寻常的好处。

## ※ 五星级寺院

与我们大多数人在吃饭的时候匆匆忙忙相反，在寺院里，吃饭是一件非常沉着安静、非常庄严的事情，尽管也有几次值得注意的例外。当你没有别的事物可以关注的时候，食物就变得非常重要，生活中其他一些简单的事情比如喝茶、洗热水澡也是一样。这些事情在寺院中被称为“世俗的快乐”，一般情况下我们不能过度沉溺其中。这些活动属于正念训练的附加活动，而不是可以沉溺其中的享受。然而我相信，这种生活方式现在只存在于寺院中，你一刻都不必觉得，你需要剥夺自己人生中的这些简单的快乐才能从冥想中充分获益。

我曾在一家西方寺院待过（我跳墙逃跑的那个），这里有它自己独特的接触食物的方式，正如它在其他方面一样。在到那里的第一天，他们要求我把自己最喜欢的食物和饮料全部罗列出来。“啊，”我当时想，“太棒了。这简直像五星级寺院。”他们甚至一天吃三顿饭，晚上竟然有晚餐。我感觉像是住进了寺院中的“四季酒店”。所以，你大概可以想象到我的失望，晚餐上来了，有很多我列在单子上注明为不喜欢的食物。事实上，更仔细观察之后，我发现，好像一切饭菜都是那个被我标为不喜欢清单上的食物。是他们弄混了？出了某种差错？也许是我把两张纸弄混了。

结果发现，根本没有出差错。事实上，他们之所以问那些问题，目的就在于确保我们不会沉溺于我们喜欢的食物，同时确保我们能有机会“仔细审视一下不喜欢的体验”（他们的原话）。好像他们嫌食物还是不够差，于是又给我拿来了咖啡。就我的经验来说，咖啡是大多数人要么非常喜欢、要么非常讨厌的东西，而我属于后者。不错，我觉得它闻起来味道很好，但是喝到嘴里时，味道却是糟透了。我讨厌喝完咖啡后它留给我的那种紧张兮兮的感觉。然而在这里，这些人在离上床睡觉还有一两个小时的时候，给我满满一大杯咖啡。除在喝咖啡的时候感到恶心作呕之外，我还整个晚上都极度兴奋。我很快就发现，他们打算在我停留于此的时间里把这当成常事。我想你大概越来越明白，我为什么会在几个月之后翻墙逃走了。不过，这件事中也有很好笑的一面。当时因为意识到自己不想一天三顿吃完饭后除了坐下冥想其他什么都不干，然后变成一个大胖子，我曾在不喜欢的清单上写下了这些不喜欢的东西：巧克力、饼干、蛋糕，当时想着这是确保自己健康饮食的一种很方便的方式。我当时不知道那将是我的“必吃”清单。于是，我每天晚上晚饭的时候都有巧克力和蛋糕，这让其他人十分恼火。

虽然这种方法听起来极端了些，然而在此之前，我未曾认真想过自己为什么喜欢这些食物而不喜欢那些食物。我常常想当然地觉得“我就是这样”。然而，有机会更清醒地看待这个过程绝对是有好处的，而且让我吃惊的是，我真的开始吃自己以前不喜欢的食物了。一旦克服了最初的抗拒以及由此而来的杂乱想法，我发现，对食物的直接体验跟我对它的喜恶观念完全是两回事。同样地，我曾经喜欢的事物，很可能对我一点好处都没有，于是我对它的痴迷也减弱了。一旦欲望减弱了，我真正开始密切关注食物带给我的感觉后，突然之间，这种食物看起来没那么美味可口，至少是我不会像以前那样吃那么多了。

所以，也就难怪“正念饮食”会被捧为下一个奇迹饮食法到处兜售了。毫无疑问，正念能从根本上改变你与食物之间的关系（其中包括你的食物选择、你摄入的食物量，以及你吃东西的方式），但是仅仅把正念视为下一个减肥明星对正念来说真的不公平。我之所以这样说，是因为可能会出现的一种危险，即把“正念作为实现快乐的一种方式”和“正念作为实现减肥的一种方式”混为一谈。事实上，它们完全是两回事，后者不会给你带来任何持久的充实感或头脑空间。然而，与食物建立起健康的关系只会是一件好事，如果你因为对食物更加留心而减掉了多余的体重，那也是很好的事情。这一切又回归到了一个理念上来：你要更为洞察，留有必要的空间，在这种洞察和空间中，灵活地做出回应，而不是冲动地行动。

我很少见到跟食物之间的关系完全舒适自在、在食物方面完全没有障碍的人。跟我交谈过的大多数人都说，他们常常对自己的饮食习惯感到很愧疚，他们“想吃”的东西跟他们觉得自己“应该吃”的东西之间总有鸿沟。我自己曾经也是如此。在我去受训当僧人之前，我对食物也有执念。我那时候参加了体操竞赛，每天都在健身房里训练，对健身非常入迷。我把自己的饭菜详细规定到克，每顿饭都要拿秤称出确切的重量。我不吃任何会被大多数人认为可令人愉悦的东西，甚至在我外出就餐的时候也是如此。如果心中出现了对甜食的渴望，我会把它压回去。后来我到了特别狂热的地步，我甚至会在外出就餐前，提前给我要去的饭店打电话，提前点一些特别的东西（比如蛋白卷）。这种生活方式中没什么正念可言。这是一种极端的生活方式，而极端的方式很少是健康的，无论它是哪种极端。因此，当我离开去那家寺院的时候，关于自己在饮食习惯方面的依恋，我有很多东西需要学习。有许多故事可以被用来说明这一点，但是能够突出我们与食物之间的情感联系的是“冰淇淋的故事”。

## ※ 冰淇淋的故事

在缅甸某家寺院里，进餐是很严肃的事情。平心而论，这是一家无声寺院，因此人们很少交流。此外，进餐时间被设计成很正式的饮食冥想时间。我们围着很大的圆桌坐在地板上，每个桌子约 6 个僧人。这是一家很大的寺院，有 80 多个僧人，因此餐厅非常大。这里也有比丘尼，但是她们隐匿在餐厅的另一端，跟我们的餐区之间有着很大的、不可逾越的屏风。餐厅剩下的空间空旷敞亮，我们可以看到寺院的花园。这里真的是一个很令人愉快的地方。

这里无论早餐午餐，饭菜总是一样的，咖喱和米饭。咖喱十分黏稠，有很多油（不利于消化），但是味道很好。在我们进入餐厅的时候，一碗一勺总是已经摆好了。有两个僧人忙活着把米饭和咖喱盛出来。念完一两段经典经文之后，响起一阵锣声，我们有一个小时的进餐时间。我说的这一个小时，是整整一个小时——不多不少。在这家特别的寺院里，一切都进行得非常慢。我的意思是，把米饭从盘子里挖出来送到嘴里都需要 20 秒，更不要说吃了。这么做当然是有充分理由的，因为这种速度可以非常仔细地审视内心活动，但这实在太慢了。到了吃早饭的时候，我常常很饿，只想大吃特吃，没有多余想法。然而这时候，训诫长常会把一只手搭在我的肩膀上，他的职责是确保每个人的行为方式既有助于训练，又符合僧人这个身份。在这里停留期间，我渐渐对训诫长有了深入了解。

在缅甸的某些特定日子里，当地社区的人会被单位要求来寺院里修习冥想。我不确定他们是不是热忱的冥想修习者，也不确定他们是否只是开心不用去上班了。这段时间很多人会来这里。他们来的时候，常常会带些食物捐赠给寺院的厨房，可能是成袋的大米、蔬菜。有一天，一位男士带着几个闪闪发光的大容器过来，看起来很像油桶，我不知道里面装的是什么，但是一个俗人在吃饭时间进餐厅是很不寻常的事情。那天还有一些别的不同寻常的事情，餐厅平常预先摆好的碗和勺子没了。我看到那两个平常给大家分发食物的僧人进了我们这边的餐区，但是他们手里没有装着米饭和咖喱的平底盘，而是给大家分发很小的碟子，里面有一些黄色的东西。跟繁忙饭店里的服务员一样，他们匆忙地在厨房和餐厅之间来回穿梭，分发给大家小小的碗。从摆放在餐厅中央位置的屏风的缝隙里，我看到比丘尼的餐区也跟我们这边的情况一样。

我突然意识到那是什么了。这两个僧人在给大家分发冰淇淋！在我激动到忘乎所以之前，先暂停一下，想象每天都吃同样的咖喱和米饭从未吃过别的东西是一种什么体验。好了，现在想象一下，有人给你了一碗冰淇淋，你会非常激动，对吗？是的，我很激动——不管这听起来多么可笑，我真的感到一阵激动，就好像一个孩子在生日派对上看到蛋糕出来时的心情。那些碗被一个个地分发到所有僧尼手里。我盯着那些冰淇淋。当时正值夏天，气温高达 40 摄氏度。钟表在嘀嗒嘀嗒地响，当然在锣声敲响之前，谁都不可以开吃。我很快就不耐烦了，我对那些冰淇淋的“寿命”的担忧远远超过了一个正常人对奶油和糖做成的冰球的正常感情。当然，我的这种反应也没什么错，甚至没什么不同寻常的地方，但是平心而论，在这个时间点上，我的欲望水平正接近极限。

然后我明白了为什么会耽误这么久。那两个把冰淇淋放在我们面前的僧人正来回忙着把我们平常用的碗和勺子放在桌子上。我开始自言自语：“没关系的。那些碗是空的，他们不会花很长时间，这些冰淇淋会撑住的。”但是等到他们最终到我们桌子旁的时候，我才看出来，他们是在把盛冰淇淋的碗推到桌子中间，把空碗和勺子放在冰淇淋前。在他们身后，另外两个僧人正端着装有米饭和咖喱的平底盘来回走动，把碗盛满。直到那时，我才意识到怎么回事：我们要在吃冰淇淋之前先吃咖喱和米饭。现在待在自己家里，再也没有了他人的速度限制，我会设想自己吃到冰淇淋的可能性，但在那家寺院不行。我们差不多要花一个小时才能吃完咖喱和米饭，我很肯定，训诫长也知道这一点。

我感到一阵怒火，随之而来的是许多愤怒的想法。“太荒唐了！这是折磨！多浪费食物啊！那个可爱的花钱买冰淇淋的人会怎么想？他们有哪怕一会儿考虑过那个人的感受吗？”直到我机械地慢腾腾地在盘子里一边来回移动叉子，一边充满渴求地看着融化的冰淇淋球的时候，愤怒还在持续。我那时候完全没了头脑空间，也完全没了觉醒意识。我一点正念都没了，完全沉浸在自己的想法中，以至于我甚至都不明白，事实上，愤怒的根本原因只是我没得到我想要的东西。我想，这可以称为一种依恋，如此想得到一种东西以至于当你得不到的时候，你会抗拒，会挣扎。毫无疑问，我当时就是在挣扎。

搞笑的是，当我把这个故事讲给别人听的时候，人们常常会替我感到生气。事实上，我去住到那家寺院完全是出于自己的自由意志，我随时可以起身离去。我是心甘情愿地将自己置于这些境地，并觉得自己可以从这些体验中学到东西。我只是有时候会如此受困于自己的想法和感受，以至于我暂时忘了对这个简单的事实保持觉醒。再次重申，这种方法是该寺院修行所特有的，你不必用融化的冰淇淋来折磨自己以从冥想中获得最大益处。人生中自然会有很多别的境况，它们同样会对你的觉醒和同情心的稳定性进行检验。

我在这样想并感受了一会儿之后，愤怒的势头开始减退，取而代之的是一阵悲伤和愧疚。我伤心的是自己沉溺在这些愤怒中，我愧疚的是把这些愤怒发泄给别人。这种感受停留了一会儿，一些想法随之而来，反映了这种稍纵即逝的情绪。最后，那个冰淇淋球在正午的阳光下输掉了这场战斗，留在碗里的是一摊融化了的、黄色的、黏糊糊的东西。看着这一摊东西，我很难想象我为什么会为它生气不已，或者我为什么会为它激动不已。它现在看起来一点都不美味可口，而伴随着这些想法而来的是一种接受，这种接受似乎完全转变了我的心情。我对那些冰淇淋的情感依恋（碰巧它是食物，这实属偶然）是如此强烈，以至于我完全丧失了觉醒感。觉醒感的丧失导致的不只是无穷无尽的、令人疲倦的、完全无用的内在想法，而且还使我被裹挟着坐上了下不来的情感过山车。

这个例子也许很极端，但是它强调了一个跟食物相关的常见经历。它的警示意义在于，我们如此沉浸在自己的感受中，或者沉浸在没完没了的想法中，以至于我们感觉对自己的选择和行为失了控。你可曾有过这种经历：你正在吃着一条巧克力或者一袋马铃薯片，吃到一半时，突然想自己为什么要吃这个。我们甚至没有注意到自己可能并不饿，只是无意识地跟着每个出现的冲动走。同时，我们常常被别的事物分心，情况就更糟糕了。事实上，这一切使得我们更有可能继续迷失在想法的世界中。我知道这话听起来有点过时，但是你多久没在餐桌旁坐下吃过饭了？对大多数人来说，沙发已经取代了餐桌。过去的时候，我们还会在吃东西前停下来，无论是因为规矩，还是因为要饭前祈祷。停下来的那个时间，是为了确认我们要吃什么，要对摆在我们面前的食物心怀感恩。

出于这个目的，我建议，请你在餐桌旁坐下后完成下面的这个练习。也许前几次的时候，你可以一个人的时候做，因为这样也许会更容易集中注意力些。最好在沉默中开始，不要交谈，也不要有背景噪声，如果把电视、音乐、手机关掉，你会发现做起来更容易些。如果在你面前没有任何阅读材料会更好，因此，请你放下笔记本电脑、书以及杂志。现在剩下的只有你和你的食物了。人们常常说，在最初尝试这个练习的时候，他们往往感到孤独或无聊（这恰恰表明了在这种方式下我们经常分心走神），但是一旦你投身到练习中，这两种感受都会迅速消失。在这个练习中，你也许还喜欢吃得慢一点，这样你会更容易运用相关技巧。我并不是建议你一直以这种方式（或这种速度）吃东西，但是作为一个正式的练习，你最好这样。这就是我们之前讨论过的冥想和正念之间的区别。冥想只是帮助你在日常生活中更加觉醒，无论你多么忙，无论你身边有多少人。因此，一旦你熟悉了正念饮食是怎么回事，你就可以将其应用到你的每次进餐中，哪怕是在你跟朋友边聊边吃或者急于吃完的时候。

### 练习 7：饮食冥想

请你在餐桌旁坐下来，最好是一个人，远离所有外在的分心事物。如果有你控制不了的外在声音，也不要过于担心，因为你可以把这些纳入练习，就跟你在十分钟冥想中所做的那样。

请你在拿起食物吃之前，深呼吸几次，鼻子吸气，嘴巴呼气，让身体和心灵安顿下来。

接下来，请你花一点儿时间，欣赏食物。它们来自哪里，出自哪个国家，是自发生长出来的，还是人为制造出来的？请你试着想象一下它们生长环境中的各种要素，甚至可以想象一下照看这些庄稼或者动物的是什么人。随着时光流逝，我们已经完全与食物的来源脱了节，这也许听起来并不是很重要，然而就培养更广阔的正念饮食习惯而言，有时候这真的特别重要。

请你在这样做的时候，留意心中有没有任何

不耐烦，有没有想要吃它的感觉。也许你在想所有需要你“站起来去做”的事情。无论你的反应是什么，它很可能只是条件性行为，即一种习惯而已，只不过它是一种你也许会觉得特别强大的习惯。

现在，请你花一点儿时间感恩一下，感恩你的碗里有食物可吃，不要因为你想吃它，而有愧疚感。我们有时候会忘了，在这个世界上，还有许多人没有东西可吃。你也许不愿意想这个，但是这个过程真的很重要，感谢和感恩是稳定的正念修习的中心所在。

正如我所说，接下来你也许想要做得比往常慢一些，但是无论你怎么做，请自然地做，不要想太多。

如果是要用手拿着吃的食物，请你在拿起它之后，注意它的纹理、温度以及颜色。如果食物是放在盘子里的，那么请你把餐具伸向食物的时候，留意餐具的质地和温度，并花些时间观察餐盘上的颜色。

在你将食物送进嘴里的时候，请把关注焦点从手上移开，转到眼睛、鼻子和嘴巴那里。食物闻起来是什么味道？近距离观察的话，它看起来如何？在你把它放进嘴里之后，口感、纹理、温度如何？你不必“做”什么，你只需观察当时在起作用的不同的躯体感觉就可以了。

除躯体感觉之外，还请你留意心灵对食物做出的反应。比如，你的心灵对待这种食物的态度是喜欢，还是不喜欢？你是接受了食物原本的样子，还是对它的某些方面感到抗拒？你也许会觉得太烫或者太凉、太甜或者太酸。请你留意心灵如何忙着对食物进行评判，以及如何跟以前的饭菜做比较。

在吃了几口之后，你也许会发现，心灵开始对这种练习感到厌倦了，会游离开来，去想些别的事情。跟十分钟冥想一样，这是很正常的，没有什么可担心的。你要跟以前一样，一发现心灵游离开了，就温和地把注意力带回到冥想对象上来，即吃饭过程和食物的不同口感、味道、纹理、视觉，甚至咀嚼的声音。

随着你继续以这种方式进餐，你会开始注意到自己是否会习惯性地吃得很快，或者有偏好甜食的强烈冲动！也许你会注意到，你对自己正在吃的东西感到不安，尤其当你很注意自己的身材时。请你在这些不同的想法出现在心里的时候，留意它们，而且可以的话，请你同时留意吃饭的时候你的呼吸是怎样的。你的呼吸也许会告诉你，这个练习是否让你感到舒服。

当你快要吃完饭时，请你留意自己是否对快吃完饭有种失望感或者解脱感，甚至你可以再花些时间品味一下最后一口。

请你在起身离开或去吃下一样东西前，深呼吸几次，回想一下盘子里满是食物的时候是什么样子，而现在里面空空如也的时候又是什么样子。请你比较一下之前胃里的那种空荡感和现在的饱腹感。请你通过观察这些情况，留意不断变化和有始有终的事物，留意心灵是如何随时间流逝而越来越自在的。

# 正念行走

你有没有过这种经历：你沿着一条街道走，结果几分钟之后发现自己走到街道尽头了，却并不十分确定自己是怎么到达这里的？这是一种很常见的经历，这种经历引发了一个问题：如果当时你的心灵“不在街上”，那么它在哪里？几乎不可避免地，你会陷在心灵的各种想法中。当然有时候，任由心灵去游历也是很好的，许多人都说这个时候他们的创造力会达到顶峰。只有你在户外走动的时候，你自己才真正知道，那些喋喋不休的自言自语中有多少是有益的或者令人愉快的。你在开车的时候做过同样的事情吗？你会突然意识到，自己已经沿着一条熟悉的路线在毫无觉察的情况下开出了好几千米吗？这既有趣也吓人。有趣的是我们竟然可以如此心不在焉，吓人的是这其中蕴含的意味。这种事情之所以会发生，是有充分理由的，其理由比你想象的更明显。

行走是一种确定的、受习惯驱使的行为，它几乎不需要专注力。因此，它几乎成了自主行为，我们很容易进入半清醒的行走状态，在这种状态下，我们的腿在移动，我们的心灵却在想着另一件完全不同的事情。你可能在思考已经存在于你心灵中的事情（包括所有重大的以及微小的事情），或者在思考外部的事物，以及街上的其他人所带来的新想法，尤其当你生活在一个繁忙的城市里或者生活在一个有许多活动的、非常拥挤的地方时。

当你走路时，你并不关注行走，而是把注意力集中在其他事上，这并无大碍。事实上，从正念的角度来看，我们甚至可以说这样很好，因为这意味着你暂时站在思想之域的外面。然而，一旦你开始纠结于这些吸引了你的注意力的事物，并就此展开思考和想象时，问题就会出现。也许一辆车呼啸而过使你想起你不喜欢住在繁忙的地方，于是你开始向往自己可能喜欢住的地方。也许当你在商店的橱窗里看到某样东西的时候，你会开始想“要是能拥有它，那该多好”，结果却又开始思索自己的财务问题。无论是什么导致了心灵的游离，最终带来的都是偏离当下此刻，偏离了直接的生活体验。有时候，我们似乎一直忙着回忆、规划、分析生活，却忘了体验生活——体验当下此刻的生活，而不是去思考它应该是什么样子。

跟大多数这样的练习一样，在行走的时候，我们有两种方法可以对心灵进行训练。第一种是正式的方法，我称之为“行走冥想”，实施这种方法的时候要慢一些。第二种更为普通的、更切合实际的方法，那就是将正念应用到日常行走之中。没必要两种都做，许多人其实直接就奔向更普通的第二种方法，因为这种方法不需要额外抽出时间。你很可能不管怎样一天中都要走很多路，因此你要做的不过是，在继续做事时，换一种不同的方式引导心灵。在练习 8 中，我把这两种方法糅合在了一起。我建议，如果你有时间，最初的时候慢慢来，最好是慢走一次或两次，以便更好地感受这种技能。你最好是在公园里或者安静的街道上行走，而不是在繁忙的城镇中走。这可能有些类似于要在游泳池里学游泳，而不是在大海里学游泳。

## ※ 僵尸

有一次，在澳大利亚的时候，我很幸运，在蓝山的一个静修中心静修了一段时间。那个静修中心坐落在非常漂亮的乡间，就在一个地狭人稠的村庄边上。这里有各种各样的人前来静修等。这个静修中心的资金很大程度上来自当地的斯里兰卡和缅甸社区。在静修期间，每个人能吃到新鲜出炉的食物。正如一个曾在那里静修的人说，在被问到他觉得这里的一切怎么样时，他说："三餐之间的那几段时间非常难熬，但是剩下的时间我感觉棒极了！"因为遵循的是缅甸寺院的传统，这里特别强调正式的行走冥想。我们在这里被传授的是如何在静修房间里修习，但是因为这里环境开阔而美丽，大家常常到户外去修习。

也许你需要看一看才能真正知道这种场景具体是什么样子，但我要说的是，这个地方无异于一个心灵庇护所。无论朝哪个方向看，大家都能看到有人在来回地走，走得非常缓慢，因为他们在运用师父所传授的冥想技法。大家都被教导说要直视前方，不要跟任何人视线接触，不能说话，由此这场面更为引人注目。

许多来访者非常喜欢行走冥想的练习，因为这意味着他们可以不用待在冥想室里，不用一个小时都双腿盘成荷花状，这也意味着他们可以待在户外，享受阳光。对许多人来说，他们之所以喜欢这个练习，是因为行走冥想似乎比静坐冥想更能带给他们自在感、豁朗感。这个理由很充分。当大多数人开始冥想的时候，他们常常会很难投入恰如其分的努力。如果太过努力，冥想会让你感到不舒服，但如果做得不够，你就会睡着。冥想讲究的是我前面提到过的专注与放松之间的平衡。然而一般情况下，行走冥想似乎能更自然地带来豁朗感，因此对许多人来说，在行走冥想的初期，他们会感到更舒适。我得补充一句，行走冥想并不能代替静坐冥想，这两种都有自己的作用，而且静坐冥想有它自己独特的重要性。

所有静修参与者都接受了严格的指导，只能在静修中心的范围之内修习这种行走技法。作为普通人，我们并不总能很好地按照指导来做。果不其然，午饭期间，有三四个参与者认为应该出去探索一番，到静修中心之外去见识一下。试想，现在你住在大山中一个美丽宁静的地方，在这里你和所有的邻居都认识。然后有一天你凝视着窗外，欣赏着风景，突然注意到路对面有一个人，走得很慢，衣着随意，眼睛直勾勾地盯着前方，根本没看到你站在窗边。然后又来一个，这一次是个女人。她距离刚才的那个人没多远，事实上，看起来他俩好像在比赛看谁走得更慢。紧接着你又看见了一个又一个这样的人。这些人你都不认识，每个人看起来都一样，很像那种呆滞的僵尸，那种没有力气把胳膊伸到身子前面的僵尸。

现在，如果你看到这一幕，你会有些发慌。事实上，如果你是那种容易焦虑的人，你会完全陷入焦虑。这也就难怪，有一天一个当地居民看到这一幕后，她认为最好报警。她想，静修中心一定采用了某种洗脑法，所以这些人才会这样半昏半醒地晃荡着走出静修中心。现在，当地的警察大概是澳大利亚所有的警区里最了解行走冥想的了。

这件事对我有着重要意义。行走冥想，无论是多么正式、多么有组织的练习，都不应该以机械的方式来做。它只要求你正常行走，只不过脚步放慢一些。如果你是在寺院或者静修中心，那么你的脚步可以非常慢，但是不管走得多么慢，你都应该有一种不需要过多思考的正常行走姿态。你知道如何走路，你不需要对之进行思考。出于某些原因（正如有些人在进行静坐冥想的时候会不可避免地“过多思考”呼吸一样），有些人会有特别想对行走过程进行“思考”的冲动，而不是只保持觉醒就行。正是这种思考会开始让你在别人眼里看起来怪怪的。因此，请你不要试图以任何特殊的方式行走——只是正常走路就好。如果你想一边以正常步伐走着，一边还可以跟别人进行交谈，你需保持正常的行走状态。在一定程度上出于这个原因，我鼓励你一旦熟悉了下面这个练习，就可以专注于日常生活中的行走正念。

人们来到我的诊所后，无论他们是因为高血压、失眠症、成瘾症、抑郁症，还是因为其他病症而来的，我都会让他们学习把冥想特质和正念原则应用到行走中去。如果你希望冥想在所有时间起作用，那么这一点无论怎么强调都不为过。人们最初尝试这种技法的时候，几乎都会说感觉这种技法特别离奇。一个常见的说法是："我感觉自己是在生活之中，而不是生活中的一部分。"与此同时，他们一边承认这个悖论，一边感觉自己与周围世界的脱离感减轻了，更能觉察到自己与这个世界之间的联系了。还有人说，一切都看起来非常生动，这种技法让他们感觉自己真的"活着"。如果我们从想法中脱离的时间足够长，注意并欣赏我们周围丰富多彩的生活，那么毫无疑问，跟我们陷入思索时感受到的沉闷状态相比，我们的觉察状态将会生动得多。

### 练习 8：行走冥想

在开始行走之前，请你留意身体的感觉，你

是感到沉重还是轻盈，僵硬还是放松？不要急着回答这个问题，你先花上几秒时间留意一下自己的姿势，留意一下自己的举手投足。

不要试图改变自己的行走方式，你只需要体察行走时的感受。跟呼吸一样，行走过程非常自动化、条件反射化，所以你甚至不需要思考。因此，你只需花一点时间去观察它、留意它。在这样做的时候，感到难为情是很正常的，但是这种感受通常会很快消失。

虽然你不需要对行走过程进行思考，然而你需要觉察周围发生的事情，因此，在你做这个练习的时候，请留意车辆、他人、交通信号灯等。

请你从留意周围发生的事情开始，可能是路人、商店的橱窗陈设、汽车、广告，以及其他在繁忙的城市里你可能会看到的一切。如果你住在郊区，那么你看到的更有可能是田野、树木，以及动物。请你留意事物的颜色、形状，观察事物的动态或静态。你不必真的去想自己看到了什么——你只管去看，只管承认它的存在就好。这个过程耗时 30 秒。

然后请你把注意力转向声音——你能听到什么？也许是你的脚踩到人行道上的声音，也许是路过的车辆的声音，也许是树上的鸟叫声或其他人走过的声音。

不要去想发出那种声音的事物，你只要花一点时间留意这些声音就好，就好像它们只是在你的觉醒之域来去。这个过程大约耗时 30 秒。

接下来，请你把注意力转向气味，花上大约 30 秒感受气味，有些气味可能令人愉快，但有些气味可能不那么令人愉快。你可能闻到花香或者须后水的味道，或者汽车尾气和汽油味，或者食物和饮料的气味，或者新修剪的草和其他植物的气味。请你留意心灵如何习惯性地围绕每种气味陷入无尽的思索，留意这种气味如何让你想起了某地、某物、某人。

最后，请你特别注意任何躯体感觉或者情感。也许你感受到温暖的阳光、凉爽的雨、嗖嗖的寒风，也许是每走一步脚跟触到地面时的感觉，也许是胳膊在身体两侧摆动时的感觉，甚至是紧张的肩膀或膝盖所带来的疼痛感。我们的目的仅仅是用大约 30 秒去留意这些感觉，不用觉得自己有必要对这些感受进行思考。

当你继续行走时，不要试图阻止这些想法进入你的觉醒之域——你只需要留意它们的来去，留意一件接一件的事物如何更迭替代。请你回想上文车辆与想法的类比，不同颜色的车辆从你身边来了又去，不同的想法在你的脑中来了又去。唯一的区别在于，你现在是在走着，而不是坐着。

一两分钟之后，请你温和地把注意力转到身体移动时的躯体感觉上来，留意重量如何节奏平稳地从右侧转到左侧，然后又转回到右侧。你需要尽量避免人为的速度调整，也尽量不要以特定的步伐行走（除非你在某个安静的地方，比如公园或者自己的家）。相反，请你观察自己已经习惯了的走路方式和节奏。也许由于做了这个练习，你将来会选择走得更慢一些。

把走路时的节奏、脚跟触到地面时的触感当

作自己的觉醒起点，当作一个在意识到心灵游离之后可以从心理上回归的地方。请保持跟静坐冥想时一样的呼吸起伏感。

你不必专注到把外界一切都排除在注意力之外的地步。事实上，对周围发生的一切保持开放，然后在每次意识到心灵游离的时候，温和地将注意力带回到身体的动作和脚跟碰到地面时的触感上来。

现在，因为你更加心神俱在了，更加觉醒了，所以你的心理习惯（你惯常的思维方式）很可能也会变得更显而易见。通常情况下，我们极度沉浸于想法本身，以至于几乎注意不到我们对这些事物的反应。比如，当行走节奏被红灯打乱，被迫站住等一会儿才能继续走时，你是什么感受？你有没有感到不耐烦，有没有想要动起来继续前进的感觉？或者你可能会感到如释重负，想着终于有机会可以休息几秒了。

你也许会觉得，把这个技法拆分成好几个部分会很有帮助。比如，如果你需要从 A 处走到 B

处，而这段路程需要花费 10 ～ 15 分钟的时间，那么最好是一条街、一条街地做行走冥想。刚开始练习的时候，你要提醒自己走路的目的是要摆脱所有干扰，走到街道的尽头为止。一旦你意识到心灵游离了，就温和地把注意力带回到脚跟的触觉上来。当你到达街道尽头的时候，重新开始，就好像每次行走都是一个全新的练习一样。这样，你会觉得这个练习更好掌控一些。

如果你足够幸运，生活在公园、河流或者其他令人愉快的户外空间附近，那么在这种环境下尝试这种技法也不错。在这些地方，外在的干扰会少很多，这会改变行走冥想带给你的感受，还有助于你知道自己的心灵在这些截然不同的环境中会有不同的作用方式。

## 正念锻炼

你是否能经常呈现出最佳状态？无论是在健身房里

健身以保持健康，还是跟朋友一起踢足球、在公园里慢跑、在山上滑雪、做瑜伽、游泳、骑单车，甚至是在特定的规则下参与竞赛，你是否经常边离开，边想着“刚才太棒了”？当然，许多人倾向于自我批判，甚至这些人知道自己什么时候真的表现出了自己的最佳状态。在呈现出最佳状态的时候，我们会有一种“专心致志”或者“全神贯注”的感觉，就好像所有必要的条件都在合适的时间聚齐了，使得我们可以有那样的表现。这里面有一种意愿感、自信感和专注感。有趣的是，在这种情况下就算你从事的事情真的很难，需要很多体力，你也会感觉好像根本不需要费什么力气。这其中的许多特质在冥想中同样也可以找到，这绝对不是巧合。

观察一下正在发挥出自己最高水平的专业运动员，你会注意到，他们很多时候都很“专心致志”。有时候，他们也许会一会儿专注，一会儿不专注，但是当他们真的处于最佳状态的时候，好像什么事情都不能对他们的专注力产生干扰。那不是一种对一切视而不见、充耳不闻的内向型专注，而是一种完美的平衡型专注，他们既觉察到自己的身体和动作，也对周围变化着的环境保持着觉醒。达到完美平衡状态的不只有他们的专注程度，还有他们的努力程度。这并不意味着他们没有付出最大程度的努力，相反，他们表现出的是一种持久的自然状态。在这种状态下，他们似乎表现得既优雅又轻松，就好像他们比别人都不费力，却比别人表现得好很多似的。

当然，也许这些人在这些运动方面有天分。事实上，他们毫无疑问是有天分的。也许你更感兴趣的是，把这个技法应用到你在当地健身房的跑步机上，而不是温布尔登的中心球场上。通过对这些人进行观察，你可以更多地了解冥想与运动之间的关联、冥想在运动中扮演的角色，尤其是他们在运动中付出多少努力。

在我看来，最能说明这一点的意象是电视上回放百米冲刺时的慢镜头。你知道的，在这个慢镜头中，你可以极其细致地看到运动员身体各部分的运动情况。跑在前面的选手通常非常放松，非常从容。他们的脸颊上下晃动，左右摆动。在那个时候，他们的身上就体现着专注与放松之间的完美的心理平衡。如果你看那些在后面追赶的人，你会发现他们通常表情紧张痛苦，因为他们意识到这场比赛他们已经输掉了。那种痛苦是对那种意识的回应，是他们在投入更多努力时的一种收紧状态。在把正念应用到日常生活中时，你要考虑的事情是：你打算投入多少努力？你不是在做百米冲刺，而是做简单的事情，比如开门关门、擦拭工作台、控制方向盘、关掉水管、刷牙等。在开始你的一天时，请你开始留意自己在这些事情上投入了多少努力。毫无疑问的是，你在生活中投入的努力水平一定会反映在你的冥想中。

身体和心灵是一体的。心灵从容的时候，身体也会从容；心灵专注的时候，身体也会专注；心灵自在的时候，身体也会自在。当我们这样说时，一切听起来如此明显，然而你是否经常在自己的练习中贯彻这些理念呢？你无论是想提高自己的修习能力、忍耐力、空间意识、专注力、痛苦的管理能力，还是想提高自己在压力下的表现，你都需要依靠心灵。如果你的心灵在场、警觉、专注，同时还自在、放松，那么你就毫无疑问会看到进步。如果你的心灵缺席了，正在思考你昨天跟别人进行的一场对话，或者正在思考你应该为朋友下个月的生日买什么礼物，那你怎么可能会有最佳表现呢？跟行走冥想一样，这种头脑空间的练习最棒的一点在于，它并不要求你额外抽出时间。假如你已经以某种方式练习过，这一种练习会再给你提供一个修习觉醒艺术的机会。如果在这个过程中，你的健康或者身体机能真的有所改善，那不是件坏事。

## ※ 卧式冥想

在一家特别的寺院受训的时候，有一种身体冥想技法是我们在一年的静修期的前八周里必须每天做的。这种冥想从站立姿势开始，再躺下，然后回到站立姿势。它被称为“卧式冥想”，是一种很巧妙地将身体、言语、心灵同时聚在一起的冥想方式。这种冥想通常是在光滑的平面上进行的，这样人平躺在地上的时候，比较容易把手伸开，转换成完全俯卧的姿势。为了帮助你进行姿势转换，通常你的手下会有两块布，这样滑起来容易些。然后，你在身体以那样的姿势移动的同时，嘴里还得念出一长串的经文，这种经文有时候感觉像是绕口令。这串经文是你必须得背下来的，而且需要背得足够快，快到能跟得上向俯卧姿势转换时的身体动作。单是做这两样就跟不断地同时拍自己的头并摩挲自己的肚子十分相像，但是这还没完。

另外，这个技法要求你在心里想象一个复杂的图像。

这个图像是一幅画，里面有许多不同的人，以各种姿势坐着，穿着不同的衣服，举着不同的物品，所有这些你都需要记住并在心里想象出来。这样，身体、言语、心灵三合一，实现完美的和谐，至少理念上如此。在学习的时候，身体和言语常常做着它们几乎习惯性的事情，心灵却游离开来想别的事情去了。有时候则是，心灵的想象工作做得很好，我却突然注意到，自己一直在胡言乱语，跟我排练的经文相差甚远。还有的时候，我把注意力过多集中在心灵方面，却无法完全关注到身体动作，从而摔倒在地，如果做的时候速度过快，这样很容易受伤。

我越练习这种技法，我就越能看清一种规律。如果专注与放松之间的平衡恰到好处，这种本质上来讲非常激烈的锻炼就会显得毫不费力了。可以说，这个时候，身体、言语、心灵中有等量的觉醒。如果专注与放松之间不够平衡，这三个方面中的某一个或两个就会表现不佳。在这个时候，我感到的不是毫不费力，而是像走在黏胶里一样费力。就算我更加努力，也于事无补。事实上，投入更多的努力反而使情况变得更糟、更难。几个星期过去之后，我开始明白如何在特定的某一天里与心灵实现最佳合作——什么时候投入更多努力，什么时候“把脚从油门上移开”。由此心灵也更愿意配合，它已经习惯了这种新的专注方式，而且它的抗拒在一天天减少。当然，心灵仍然会时不时地游离，但是我能够更容易意识到它的游离，也更容易将它带回到身体动作上来，我的语言协调能力也有了提高，我对我们所研究的那个图像的想象能力也有所提高。与这些变化同时发生的是，我对结果的关注减少了，我的注意力更多地随着每个动作放在当时当刻上。如果你能在自己最喜欢的锻炼中做到这一点，那么你不仅会看到自己的表现有大幅提升，而且会更有可能在表现更佳的同时更自在、更快乐。

不要因为练习 9 讲的是“跑步冥想”，你觉得跑步不是自己最喜欢的练习形式，于是就想着推脱不做。这个练习里提到的原则同样适用于骑单车、做瑜伽或其他形式的运动。只不过，因为上文已经介绍了行走冥想，而将那些原则应用到跑步中的话，转变最为自然。毫无疑问，你在学习如何保持正念的时候，如果采用带有重复性质的、与他人之间不会存在直接竞争的练习，那么你做起来会容易很多。因此，游泳、骑单车、跳舞、跑步、高尔夫、滑雪、瑜伽等运动就非常合适。虽然从足球、篮球、曲棍球等运动开始也没有什么不妥，然而这样你会更容易陷入旧有的习惯性模式，你也许会疯狂地跑来跑去，也许会用力过度。

正如行走和饮食对许多人来说已经是习惯性的行为一样，跑步也是。这自然有它的用处，因为这意味着我们很容易进入半清醒式的跑步状态，在这种状态下，我们对身体的运动如此熟悉，以至于在跑的时候根本不需要太专注。正因为这一点，心灵往往很容易游离。因此，我们在跑步的时候，心灵的游离是正常状态，无论游离的时候我们的想法是与跑步本身有关，还是跟其他事情有关。确保发挥出自己最大能力的唯一方式是，把想法抛诸脑后，让身体和心灵在同时专注的情况下通力合作。你不需要“努力不思考”，而是要把自己的注意力带到跑步的过程、节奏、感觉上来。在你意识到心灵游离的时候，温和地将它带回到关注对象上来。

### 练习 9：跑步冥想

在你准备好去跑步之前，努力了解一下自己

的感受。你的心里在想什么？你是感到焦虑、自信，还是完全无感？如果你有时间、有意愿，可以花上几分钟坐下来，在开始跑步之前让心灵安定下来。如果每次跑步前都这样做，你可能会开始注意到一种模式，这会帮助你更灵巧地做出回应。

在穿运动服的时候，你可以开始留意自己的躯体感觉。也许你的腿因为上一次跑步而感到有点沉重，或者你的肩膀因为坐在电脑前而感到紧张，或者通体有一种轻盈感。跟静坐冥想中的技法一样，在这样做的时候，请不要带任何评判或分析，只对自己的感受保持觉醒就可以了。

在出发之前，深呼吸几次会帮助你集中注意力，而且会给你带来与地面更强烈的接触感。用鼻子吸气，用嘴巴呼气。在开始跑之后，你可以使用任何你觉得最自然的呼吸方式。在出发之前，至少这样做 4 ～ 5 次。

在你开始跑的时候，要对周围发生的一切保持强烈觉醒，同时将注意力带回到身体上来。活动的时候你感觉如何？你的肌肉是如何对你的动作做出回应的？请你留意身体活动时呼吸的快速变化。如以前一样，在这个过程中除了对所有这些保持觉醒，其他没什么可做的。

你也要留意心灵是如何回应的。当你暂时“摆脱”了工作，走出了家门，伸展双腿并呼吸到新鲜空气时，你的心里有没有产生一种愉悦感？或者因为跑步后要做的辛苦工作，你感到了一种轻微的焦虑感？你脑中的各种想法又是怎样的呢？你的心灵是非常繁忙，不停地在想当天的所有事务，并开始思索明天要做的事务清单，还是非常安定，甚至因为身体的动作而感到欣慰？

随着你渐渐适应了跑步，你开始注意到稳定下来的节奏。这种节奏让你感到舒服吗？你的身体有什么感觉？你的身体是否感到协调？你的两条腿用力均匀吗？胳膊又有什么感觉？肩膀呢？身体中有没有哪个部位感到紧张？如果有，你知道该怎么做——留意它，观察它，对之保持觉醒，抵挡住那种想要摆脱它的欲望。你也许会发现，在觉醒的过程中，紧张感会自行消散。

如果你跑步是为了好玩，或者只是为了保持健康，那么积极地唤起对周围事物的觉醒会对你有所帮助。这些事物可能是其他跑步者、汽车、公园、田野、建筑乃至任何你途经的事物。很多时候，人们每天沿着同样的路线跑步，却对这条路线所知甚少，也几乎留意不到多少事物，这真令人惊讶。之所以这样，唯一的原因就在于向内的习惯，即陷在思索中的习惯。因此，请你保持适度的好奇心，不是要疯狂地努力留意周围的一切，而是要对吸引了你注意力的事物感兴趣。

因为你的心灵更有存在感、更加觉醒了，所以很可能你跑步时的思维方式（你的心理习惯）会变得更显而易见。你在跑步的时候有没有对自己特别严厉或和善的习惯？你的心灵会本能地飘到哪里，是向内进行思考，还是向外留意身体的感觉？你在跑步的时候是有一种强烈的自信感，还是感到难为情？所有这些都是你做这个练习的时候可以开始留意的东西。你还可以留意什么时候身体开始对跑步过程做出回应，什么时候身体开始释放内啡肽，什么时候开始感到所向无敌——好像你能够一直跑下去（条件是你在跑步中的某个阶段会出现这种情况）。

更觉醒带来的一个所谓的问题是，你不仅会觉察到令人愉快的感觉，而且会觉察到令人不快的感觉。然而，练习方式正确的话，即使令人不快的感觉也可以给人带来好的影响。因此，不要试图“摆脱”身体上的不适，而要看一看当你把注意力放在这种感受上时，会发生什么。这样做的时候试着把你和疼痛视为一体，因此你可以少想一些“我和我的疼痛”，而多想一些“疼痛”带来的简单而直接的体验。这样做可能会给你带来意想不到的结果。

无论是喘不上气、胸口发闷、大腿疼痛，还是小腿抽筋，所有这些都可以被用作有效的支持或者跑步冥想的时候注意力集中的对象。对于跑步冥想，在最初意识到疼痛的时候，人的本能反应是抗拒它、摆脱它，通常的做法是停下来，或者开始漫长的心理斗争，努力想强行克服它、忽视它或以某种方式压制它。当然，你需要了解自己身体的能力，尊重自己的身体，在必要的时候采取适当的措施。然而，如果你觉得自己可以在不造成任何持久伤害的情况下继续，那就离那种不适更近些，就好像你沉到那种感受中，并在以非常直接的方式去体验它一样。这种做法刚开始的时候可能有点违背本能，但是我们有实现这种疯狂的办法。在靠近它的时候，在充分感受它甚至是鼓励它的时候，我们常有的习惯性动态会发生完全的转变，而且很多时候，那种疼痛也会随之消失。

如果你跑步的态度十分认真，甚至带有竞争性质，那么你也许会更喜欢完全把注意力集中在跑步过程以及跑步的力学原理上。这个时候，有用而受欢迎的关注对象是脚踏在地上的感觉，这跟行走冥想中关注的对象相似。节奏感有时也会令人非常放松，它是一个很明显且很稳定的关注点。

无论你的关注对象是什么，请你尽量做到“少干涉”，尽量对这项锻炼保持放松的态度。就算你真的很努力想提高自己的跑步成绩，也要明白跑步真的不需要投入很多努力。虽然这话听起来有点奇怪，但是很多时候，你投入的努力越多，你就越紧张，然后你的速度会越慢。你甚至可以把这当成自己跑步过程中关注的对象，密切观察自己在跑步中投入了多少努力，然后留意这种做法反过来对你的步幅有什么样的影响。

无论你只是为了玩乐还是认真跑步，如果你把跑步里程拆分成几个部分，你会发现一切会更可控。有些人发现按每步进行分程是最佳的关注方式，而有些人发现按每条街、每千米进行分程的关注方式最好。一种很受欢迎的方式是将跑步里程拆分成每10步、每20步，或者每100步。这种做法有点像数自己的呼吸，它有助于我们阻止心灵游离。很显然，你打算关注的距离越长，你就越难记住这些原则，因此你要经常查看，特别留意在跑步过程中心灵是否在场。

# 正念睡眠

你有没有想过，为什么晚上的时候，你的头一挨到枕头，你的思绪好像就开始高速运转？我常常听到有人把这个过程称为失眠症（我们喜欢给事物贴上标签），但如果这只是偶尔发生的话，那么也许更准确的描述应该是，这是生而为人的特点。这种经历中耐人寻味的一点在于，它并不总是像它看起来的那样。晚上躺在床上远离一切分心事物时的情状跟冥想刚开始时的情状并无不同。此时突然只剩下你和你的想法了。你一整天忙着其他人、其他事，所以在这一天里你的想法不过就是你脑中的背景噪声而已。虽然你对这种背景噪声、对这些想法的来去也有模模糊糊的意识，但是这些想法中有许多是未被承认的、未经处理的。所以，不受干扰地躺在静默中时，这些想法自然会变得更加明显。这有点像你在繁忙的路旁摘掉眼罩的那一刻。那么，针对这些想法，我们有什么办法吗？答案绝对是：有。不管怎样，在学习练习本身之前，充分了解它的动力原理肯定是有好处的。

假如你那天工作非常繁忙，你回到家，吃了点东西，然后看会儿电视节目或者上会儿网。虽然你看电视的时候觉得还好，你投入其中，电视节目占据了你的大脑，然而上了床之后，你却突然感到辗转难安。这也许是因为你心里有具体的事情，还有可能只是出于心灵的忙碌天性，想法一个接着一个地涌现。也许这种状态是你选择的生活方式、不规律的睡眠时间、时差综合征、摄入兴奋性饮料的反映。无论原因是什么，这些想法需要过一会儿才会安定下来。当然，我们一般希望它们能立刻安定下来，而如果它们没有立刻安定，我们就不可避免地会感到失望、沮丧、担心、烦恼。然而好像是，你越想把这些想法拒之门外，它们就越有可能出现。

这不只是你的想象力在超时工作，逻辑上来讲，如果你开始为不能入睡陷入思考，那么你当然会产生很多的额外想法。因为在这个过程中你投入了过多的精力，所以同时你还会很紧张。跟冥想一样，你越抗拒这些想法和感受，你就越紧张，而这种紧张会反映在你的身体中，身体会感受到它。在这个时候，内心中的对话往往就开始了。“我今晚怎么弄都不舒服……也许我应该翻个身换边睡……我想知道哈利今天为什么要那样说……他有什么别的意思……也许我应该翻个身……不要再想了，我得睡觉了……噢，天哪……我满脑子都是事儿……我为什么要想这么多呢？啊，很晚了……我睡不着……现在的感觉跟上次睡不着觉时的感觉差不多……上一次睡不着之后第二天非常没精神……明天又是一场灾难……我明天肯定看起来气色很差……为什么我就不能别再想这些了呢？好吧，放松点儿，别再想要努力睡着的事儿了……但是停不下来啊……也许我应该起来……也许应该起来看会儿书……别再想了……天哪，为什么要想这么多呢？”

清晨的时候回想起来，你会觉得这种对话听起来十分可笑，但是如果在夜间发生这种事，我们可就笑不出来了。你也许会为自己不能控制自己的思绪感到恼怒，也许会担心这些想法失控，然后这会给你带来一个无眠的夜晚。你也许一想到第二天可能会感到疲惫就心烦意乱，甚至会担心自己是不是出了什么问题。这些反应都是很正常的，有过这种体验的人也绝非你一个。白天的时候，你越忙、越有压力，晚上的时候你出现这种情况的可能性就越大，这是很正常的。不过，晚上的情况可能与白天时候所想的事情完全不同。无论你是哪种情况，这种现象是行为层面的，而不是心理层面的（我认为，如果这种现象给你造成了严重困扰，那你得跟你的医生谈谈）。这个事实就意味着，它是可以改变的，而且是可以利用两种方式中的某一种进行改变的：要么改掉抗拒的习惯，要么采用一种新的、更积极的方法来适应这些想法和感受。在这些年里，这两种情况我都经历过，而且我经历过下面这件事，它证明了这种技法特别有用。

## ※ 俄罗斯警察

抵达莫斯科机场的时候，我真的不知道自己会遇到什么。关于这个城市，关于俄罗斯的大体情况，我听说了很多，但是我真的不知道我听来的那些内容到底有多大的可信度。当时，莫斯科不同地区的居民公寓楼被随机瞄准，在半夜里遭到轰炸。俄罗斯政府指责车臣恐怖主义，而车臣政府指责俄罗斯在制造理由，想侵略他们。不用说，空气中都弥漫着明显的焦虑气氛。人们看待自己邻居的眼神都变了，尤其是当对方是外国人或者来自俄罗斯的其他地区时。这倒不至于草木皆兵的地步，但是好像每个人都觉得有责任小心任何异常活动。回想苏联时代，每个公寓楼都有一个“巴布什卡”[1]——一个年长的老太太，坐在每栋楼的前面，监视着里面的一举一动。在公寓楼被炸期间，这个传统完全复活了，“巴布什卡”留意着一切，并向警方报告一切不寻常的地方。

因为我在晚上很晚的时候抵达，所以去机场接我的那位女士把我留在公寓，说好第二天早上来找我。在顺着楼梯上楼的时候，我甚至没有注意到那位从自家前窗窥视我的那位老太太。到达公寓的时候，我实在太累了，什么都没力气干，只拿出几个非常简单的物件。对我来说，无论到哪里，第一件事都是辟出一个冥想区域来，这已经成了我的一个习惯，也反映了我那个时候把冥想放在首位。我把一个架子的表面擦干净，拿出几样简单的物品，拿出关于我的师父们的几张照片，然后把我的冥想垫子放在架子前面的地板上。当时我意识到如果就在垫子那里进行冥想，我肯定会睡着，所以我决定上床睡觉去，明天早上起来后第一时间进行冥想。因此，剩下的东西我都没从行李箱里往外掏，甚至也没铺床，只脱掉衣服倒头就睡了。

---

[1] babushka，巴布什卡原指妇女用的头巾，也可以专指老太太用的头巾。——译者注

时间真是个奇怪的东西。说不清我到底是睡了5分钟还是5个小时，总之我被吵醒了，一群人在我的公寓门前大声地又喊又敲。我睡得迷迷糊糊，还没有完全搞清楚自己身在哪里，跌跌撞撞地走到门口。我当时实在太累了，甚至没有意识到自己只穿着内衣，也完全没想起来要从门上的猫眼里看看到底门外面站着谁。我就那样走到门口，打开门闩，开了门，我猛然间清醒过来。站在我面前的是四个警察，手里端着枪，一边大声喊着，一边进了门向我走过来。他们说的话我一个字都听不懂，而且很明显，他们中也没人会说英语。他们显然出于某种原因而情绪十分激动——肯定不是因为什么好事。他们中的三个人一个房间、一个房间地检查，他们查看了橱柜，把我的行李箱翻了个底朝天，剩下一个人待在我身边，用手里的枪封住了我从前门出去的路。

在确信这个公寓里没有堆满炸药（“巴布什卡”这样跟他们说的）之后，每个人都放松了一些。他们只是放松了一些，继续大声说话，咄咄逼人。我瞥了一眼钟表，当时是夜里12:30。这么说在他们到来之前我睡了不到半个小时，即便我真的觉得我睡的时间很长。他们拿走了我的护照、就业证明以及其他证件，然后在餐厅的桌子旁坐下来一样样地检查。我一直站在那里，仍然除一条绿色的内裤之外，什么都没穿。“好吧，”我在心里想，“如果有人跑到你家里来在你的餐桌旁坐下，你要怎么办？嗯，我想你应该给他们沏杯茶。”幸运的是，我还有几样基本的食物，我在一个警察的监视之下跑到厨房，匆匆沏了茶。返身回来的时候，一个警察注意到了我辟出来的冥想区。“呀，”他说，“空手道，是吗？”他边说边比画着让我明白。因为不知道该如何回答，我礼貌地笑着点点头，说道：“嗯，事实上，不是，这是我打算在没有警察拿枪指着我的时候坐下来冥想的地方。”

这话似乎让他们很高兴。他们开始笑起来，开始互相开玩笑。看到他们笑就是幸事了。然后他们开始指着各种东西，很明显想问我问题。他们指着我的内裤，这让我有点不安，因为我完全不知道他们在问什么。费了一番功夫，我最终还是弄明白了，他们是想问，我的空手道拿到了什么颜色的带子，也就是我练到了哪个段位。在一阵笑声中，我开玩笑地指着一把椅子，那椅子是黑色的。这似乎让他们很兴奋，他们开始给我打手势让我演示一下。我想解释说我在开玩笑，但是他们理解不了。于是一场半裸的、几乎一眼就能看穿的打手势猜谜游戏开始了，我努力表明我太累了，我刚结束长途旅行，等等。最终，他们意识到在这个时候不会有劈砖或破门动作可看，于是就放弃了，放我回去睡觉。

"欢迎来到俄罗斯。"躺回去的时候我自言自语道。已经过了凌晨1点钟了，但是我很清醒。各种思绪在我的心里奔忙不停，肾上腺素充斥着我的身体。我知道自己太累了，需要休息，但是我不知道如何才能睡着。关于那些警察的、关于公寓爆炸事件的、关于我在俄罗斯的新生活的各种想法，充斥着我的大脑。我还意识到了一个事实，那就是第二天一大早，我得去见很多我在接下来的几个月里要一起共事的人，而第一印象很重要。我就躺在那里，各种想法乱纷纷地来去。如果我在没受过任何冥想训练之前遇到这种情况，那么我肯定会整夜醒着睡不着。因为我之前已经被传授过应对这种情况的方法，所以我的心灵开始平静下来，而且平静的速度令人吃惊。

我越能够做到对想法只观察不干涉，越能够在想法出现在脑中的时候保持觉醒，我的心灵似乎就越宁静。随着心灵慢慢安定下来，身体也似乎不那么激动不安了。因为知道任何努力都不能够使我重新睡着，所以我把那根比喻意义上的绳子放松了一点，给了心灵很多空间。在这里，我们回想一下前面提到过的几个比喻，无论是驯服野马的那个比喻，还是蓝色的天空以及想法像阴云一样经过的那个理念，或者其他你觉得有助于增强你的洞察力和豁朗感的比喻，这些会很有益处。对我来说，有用的是蓝色的天空那个比喻，但是旧有的习惯有时候非常强大，我时不时地会注意到自己又开始用力了。一旦我意识到自己用力了，这种努力好像就会突然消失。当然它还会回来，但是每次都一样，只要我对它保持觉醒，那么它就好像永远无法累积动能。很快地，我开始感到困了，我最终迷迷糊糊地安睡了一整夜。

我将要展示给你看的这个练习适合所有形式的失眠，无论你是无法入睡、夜里经常醒来，还是早上醒得太早然后醒来之后无法再睡着。哪怕你没有出现以上任何情况，而只是想知道如何睡得更安稳，或者不想早上醒来的时候头昏脑涨，这个练习也一样适合你。虽然这种特别的练习是专门被设计来在晚上躺在床上时睡觉的前一刻做的，但是这并不意味着它就可以取代一般的十分钟冥想。事实上，你会发现，在学做这个练习的同时，每天兼做十分钟冥想，这是一种很好的联合练习。

许多人发现，他们的睡眠仅仅因为做了十分钟冥想就有所改善。这是在晚上躺床上的时候没有采取任何特别技法的情况下达成的。科学研究似乎也支持这种说法。为了证实冥想和正念对失眠症的作用而做过的大多数试验要求，参与者在白天而非晚上践行冥想，结果也同样令人印象深刻。因此，把冥想视为能使我们 24 个小时全天候地得到健康心灵的练习，而非只在夜间对心灵进行训练的练习，会更有好处。

睡眠冥想练习预计需要 15 ～ 20 分钟时间，就算你在中间睡着了也没关系。事实上，做着做着睡着了是很正常的，这不会使这个练习的长远益处减损半分。记住，这不是一个使你入睡的练习，而是用来增强心灵在夜间的觉醒意识和清醒理智的练习。它只是碰巧常常会让人睡着而已。如果你在相关音频的指导下进行练习，你也许会感到更舒适、更自在，几个晚上之后，你就会对整个过程足够熟悉、足够自信，这个时候，你就可以在没有音频指导的情况下自己去做了。

## 练习 10：睡眠冥想

在你上床睡觉之前，确保去过了厕所、锁上了门、关掉了手机，并做了你平常上床睡觉之前会做的一切事情。你甚至可以为第二天早上做一些准备，或者为第二天要做的事情列个清单。

为上床做好准备之后，盖上被子，平躺在那里，就好像要睡觉了一样。为了更舒服，你可以在头下方放一个薄枕头。如果你平常习惯趴着睡或者侧着睡，没关系，这个练习最好是躺着进行，做完之后可以再翻回去睡觉。躺在那里的时候，你需花一点时间体察陷进床里的感觉，体察身体被床支撑着的感觉，体察这一天到头再也没有什么事情要做了的感觉。

躺舒服之后，你需做 5 次深呼吸，用鼻子吸气，嘴巴呼气，就像在十分钟冥想中所做的那样。在吸气的时候，你需努力感受肺部充满空气、胸腔扩张的感觉。呼气的时候，你可以想象一下：

当天的想法和感受都消失得无影无踪，身体中的紧张感也都消散了。这有助于你的身体和心灵为要进行的练习做好准备。

**第一步：**从“签到”开始，按平常的方式，你要留意自己的感受，包括身体的感受和心灵的感受。记住，就跟放松时不可匆忙一样，睡觉也是不可匆忙的，因此，当你做这个练习中的这一部分时，要慢慢来。如果你有许多想法在打转（这绝对是很正常的），不要担心，暂时由着它们去。无论做什么，请你不要被诱惑着抗拒那些想法，无论这些想法多么令人不安或者不舒服。

接下来，你要更仔细地留意身体与床的接触点。请你将注意力带回到身体与床接触时的那种感觉上，留意身体陷进床里的感觉，注意那个接触感最强烈的部位——你的身体重量分布均匀吗？你还可以注意任何声音或其他感觉。在你想要睡觉的时候，声音有时候特别令人困扰。在刚开始的时候，你要辨认一下那种声音究竟是你可以改变的，还是你左右不了的、一点办法都没有的，这样做会有一些作用。然后，你不要抗拒那种声音，只要温和地把注意力集中在声音上，保持大约 30 秒，然后再把注意力带回到自己的身体上来。

现在，请你努力了解身体的切实感受。在刚开始的时候，你可以在大体上去感受。比如，身体是感到沉重还是轻盈，是不安还是安静？然后，你需更精确地用心灵对身体进行扫描，从头顶到脚趾，温和地体察任何紧张感。你的注意力会不可避免地被吸引到紧张的部位，但是要知道，你快要睡觉了，而这个练习会缓解这些紧张，你大可以放松下来。你可以多扫描几遍，每次花上大约 30 秒的时间。记住，你不光要留意令你不适的部位，而且要留意那些感到放松和舒适的部位。

到现在为止，你很可能已经留意到了呼吸带来的起伏感，但是如果还没有，请你把注意力带到能够更清楚地感受到这种起伏的部位。跟往常一样，不要试图以任何方式改变呼吸的节奏，相反，让身体顺其自然。跟十分钟冥想一样，在睡眠冥想的练习中，呼吸方式没有正确或错误之分。因此，如果你的胸腔部位起伏更明显，而腹部起伏不明显，你也不要担心。你需留意呼吸是深还是浅，是长还是短，是顺畅还是不规律。这并不要求你做任何努力。你需要做的不过是留意身体的活动而已。

如果呼吸非常浅、很难察觉，你可以把手放在你觉得活动最强烈的部位，这样做也许会有些帮助。在把手放在那里之后，随着手来回移动追踪呼吸的起伏。

在对呼吸进行了1～2分钟的观察之后，你的心灵会游离开来，这是很正常的。在你意识到分心和心灵游离的时候，你的心灵其实就已经回来了，你需要做的就是，温和地把注意力重新带回到身体的起伏上来。你不需要对这部分练习进行计时，当你觉得已经过了1～2分钟的时候，自然地进入下一部分。

**第二步：**这一步是以专注的、有条理的方式回顾这一天。从这一天中你所能记得的第一个时间点开始，从早上醒来之后开始。你还记得醒来时的心情吗？现在，就好像你的大脑被设定了非常温和的“快进”一样，在心灵重放一天中经历的事件、会面、对话的时候，你在静静观察。这并不需要进行得多详细，更多的只是个概览，是一系列在心灵中闪过的快镜头。

比如，你在脑中回想自己翻身下床，关掉闹铃，走到浴室，冲澡，吃早餐，进行冥想，步行去工作，跟同事打招呼等。你可以花大约 3 分钟的时间来浏览这一天，一直回顾到此刻为止。这么多事情，要在几分钟之内做完，好像很难办到，但这只是对这一天进行的概览，因此，不要超过 3 分钟或者 4 分钟。过几天之后，你一定会对这个速度感到自在。

在心灵回放这一天的情况时，你会不可避免地有一种冲动，即陷入沉思。也许你想到了白天那场进展很顺利的会议，然后你开始想其中存在的所有可能。也许你想起了自己跟上司之间的争吵，你开始担忧这个争论所带来的影响。最初的时候，心灵像这样游离是很正常的，但是很明显，都到了夜间这个时间点了，再去想新的东西已经无益了。因此，像以前一样，当你意识到自己分心的时候，温和地回到正在你心灵中回放的这部“电影”上来，从离开的地方重新开始。

**第三步：**在把自己带回到此刻之后，现在你可以把注意力带回到身体上来。你要把注意力放到左脚的小脚趾上，想象着要睡觉了，把它“关掉”。你甚至可以在集中注意力的时候，在自己的心里重复“关掉”或“休息”这样的字眼。这种做法就好像你在向肌肉、关节、骨头以及其他身体部位发出许可，准许它们关掉去休息，你知道直到第二天早上之前，你将不会再需要它们。然后你要对第二个脚趾做同样的事情，然后第三个脚趾……以这种方式继续，从脚掌、足弓、脚跟、脚踝、小腿等，然后一路往上，到臀部，到骨盆部位。

在对右腿重复这个练习之前，你要花一点时间感觉一下已经“关掉”的那条腿和还没被“关掉”的那条腿之间的区别。如果你在做这个练习的时候，对到底有没有发生什么有所怀疑，那时你就会感觉到区别。你需对右腿重复这个练习，再一次从脚趾开始，一路向上直到腰部那里。

请你继续这个练习，往上到躯干，然后向下到胳膊、手和手指，然后再向上到喉咙、脖子、脸以及头顶。你要花一点时间享受摆脱了紧张后的感觉，享受不需要对身体做任何事情的感觉，享受放弃了对身体的控制后的感觉。现在，请你任由心灵随心所欲地游荡，任由它自由地从一个想法联想到下一个，无论它想去哪里都行，直到迷迷糊糊地睡去。

**任选附加：**当你完成上述步骤时，你很可能已经沉沉睡着了。如果睡着了，那么请你享一夜安眠，好好睡觉。如果没睡着，你也不要担心——这并不说明你做这个练习的方式不对。记住，这个练习本来的目的就不是催眠，而是增强你在夜间的觉醒意识，增进你对心灵的夜间情况的理解。

因此，如果你还醒着，还有两种方法可行。

第一种方法是任由心灵漫无目的地游离，任由它以平常的方式随心所欲地联想，不施加任何控制，不施加任何强迫。这种做法有时候感觉好像不错，但是唯一的问题在于，有些人会觉得这有点儿含糊，甚至有点儿令人不安。如果你就是这种情况，那么以这个练习的第二步作为结束，对你可能更为有用。

第二种方法是从1000往0倒数。这听起来好像是一项不可能完成的任务，感觉好像特别难。如果以正确的方式去做，这其实根本不需要你付出任何努力。在从清醒向睡眠转变的过程中，这是一种很好地使心灵保持专注的方法。跟以前一样，心灵游离是很正常的，因此，当你意识到自己走神了的时候，只需温和地回到你中断的那个数字，然后从那里继续。

最后我再指出一点，在做这个练习的时候，你要真诚地想要数到0，这一点很重要。不要把这当成一种入睡方式，而是把它视为一个在身体和心灵准备“关掉”去休息前使你保持忙碌和专注的练习。无论心灵中出现了什么样的想法，无论这些想法是关于入睡的还是别的事情，请任由它们来去。你唯一的目的、你唯一的关注焦点是努力从 1000 倒数到 0。如果你在倒数的中途迷迷糊糊睡着了，那也没关系。

## 研究表明

### 1. 冥想与自控有关

研究正念有效性的研究者发现，哪怕参与者每天只冥想很短的时间，只做了 5 天，就有更多血液流向他们大脑中帮助控制情感和行为的区域。完成了 11 个小时的冥想之后，他们大脑中这一部分会发生切实的生理变化。对正念进行的初步研究表明，正念对药物成瘾、吸烟、饮食紊乱有着良好的疗效。在这项研究中，经过仅仅 42 天的冥想之后，暴食者的暴食量减少了 50%。

### 2. 正念会提高人在压力下的业绩

宾夕法尼亚大学的神经科学家研究了正念能否有助

于消除海军陆战队员在压力局面下的状态受损问题。首席研究员指出："用正念训练增强心理健康可以给任何在极其有压力的境况下必须保持最佳状态的人提供帮助，例如，从现场急救员、救灾工作人员和创伤外科医生，到专业运动员以及奥林匹克运动员。"

### 3. 冥想可以把入睡所需时间缩短一半

来自马萨诸塞大学医学院的研究者开发了一种有效的入睡方法，冥想被纳入这种方法，成了其构成要素。研究发现，失眠症患者采用了冥想之后，58% 的人的睡眠有了极大改善，91% 的人减少或停止了药物治疗。在斯坦福医疗中心进行的一项相关的独立研究中，神经科学家发现，在为期短短 6 周的正念修习过后，参与者的入睡时间比平常缩短了一半——平均为 20 分钟，而不是以往的 40 分钟。

### 4. 正念可以帮助你赶上截止日期

在好几项以正念为基础的正念研究中，研究者发现，在经过短短 4 天的练习之后，正念修习者的认知能力有了重大提高。他们在需要持久专注力的体能工作和脑力工作中表现得尤其好，而且在有时间限制的紧张工作中也表现优秀。参与了其中一项研究的专家指出："冥想者在限时的认知测试中表现尤其优异……在有时间限制、需要参与者在压力下处理信息的任务中，受过短暂正念训练的群体表现明显优于他人。"

### 5. 冥想使你保持聪敏机警

美国埃默里大学的研究者比较了冥想者和非冥想者在大脑和认知能力上的区别。如你所预料，在试验对照组（即非冥想者群体）中，他们发现年龄大一些的参与者的反应准确度以及速度都要低一些。然而，这种与年龄相关的衰退在冥想者中并没有发现。利用成熟的脑成像技术，他们发现，一般会随着衰老而来的大脑灰质减少情况真的被冥想效应抵消了。

虽然你可以坐在房间里任何你喜欢的地方，但是如果周围比较开阔，你也许会觉得更舒服。如果你蜷缩在角落里，或者被夹在两件家具之间，那么有时候你也许会感到局促不安，这对心灵而言就不太好了。

# 第4章 践行

找一个你可以不受打扰地坐 10 分钟的地方。对许多家庭来说，这可能说起来容易做起来难。因此，事先跟家人交流一下，把这点要求讲清楚是很重要的。如果身边没有人可以帮忙照看孩子，那么你也许需要等孩子睡着了再开始，或者也可以在早上，在孩子醒来之前进行。

我之前已经说过了，但是这里值得再提一遍：冥想只有在你去做的时候才会起作用！只有当你坐下来冥想的时候，你才会看到它的好处。因此，虽然正念修习可以在任何时候、任何地点进行，但它替代不了每日的冥想静修。这 10 分钟时间会给你一个绝佳的机会，给你提供绝佳的条件，让你去熟悉觉醒到底意味着什么。它还可能给你带来一种宁静感，这种宁静感在刚开始的时候是很难复制到日常生活中去的。因此，无论你是把冥想当成孤立的、想要获得一点头脑空间的练习，当成在一天中修习正念的基石，还是仅仅当成一种新的爱好，静坐下来去做的重要性是再怎么强调都不为过的。

无论你的心灵目前是忙碌还是宁静，是快乐还是悲伤，是紧张还是放松，都不重要。所有这些心理状态都是你开始做冥想的合适起点。重要的是，你能否在对这种心理状态保持觉醒的情况下做到自在安然。只有通过坚持不懈的、经常性的修习，这种体验才能从根本上转变你的视角。

记住，我们说的是让你每天只抽出 10 分钟。这个世界上真的连 10 分钟都抽不出来的人，恐怕没有多少。这不是工作，不是令人厌烦的任务（奇怪的是，人们常常把它看成工作或任务），这抽出来的 10 分钟时间是你放松的时间。它可能是你一整天中除觉醒之外什么也不用干的 10 分钟。它怎么会被看成一种烦人的任务呢？我们如此习惯于做事，以至于最初的时候我们会觉得“什么都不干”这种理念很不可思议，或者很无聊。你不需要把冥想看成“改善自己”，它只不过是从你的一天中抽出一点时间，任由身体和心灵放松，同时熟悉心在当下，熟悉觉醒理念的 10 分钟。

在我们正式开始了解冥想修习的具体操作之前，有几点必须搞清楚。我在本书开头处就说了，本书不是要告诉你如何度过自己的人生。在此我重申一遍，你如何度过自己的人生完全取决于你自己。也许修习冥想之后，你决定在自己的人生中做一些积极的改变，这是你自己的个人选择。冥想和正念与你人生中的其他时段密不可分。我们的心灵跟我们的身体如影随形，就算你跑到喜马拉雅山区的某个山顶上，你的心灵也会跟着你去那里（这一点我可以担保）。因此，既然我们的冥想反映着我们的日常心理状态，那么我们的生活方式就会给我们的冥想带来重大影响。

知道了这些，你就会明白，改善生活中能够提升幸福的方面，减少那些会导致愧疚、恐惧、后悔、愤怒等的方面，是非常明智的。

我们可以拿冥想跟在健身房里锻炼身体做个比较。你也许每天都去健身，而且自我感觉良好，然后一个教练提议说，如果你能少把炸鸡全家桶当午餐，效果会更好。冥想也是如此，我从自身经验知道，我选择的生活方式就反映在我的冥想修习中。如果我恶待了某人，那么当我坐下来冥想的时候，我的心灵就会感受到远超平常数量的、颇具挑战性的想法。同样地，如果我出去工作一天后精疲力竭，那么很可能我的冥想也会陷入梦乡。任何方法都无法为保持觉醒提供完全有利的条件，无法令人感受到更多的平静或澄澈。

如果你无视自己的身体健康，那么训练心灵也毫无意义。大多数人对某种身体活动或者锻炼（哪怕对这个主意不太感兴趣的人）都会积极响应。事实上，许多人说，如果在冥想之前先以某种形式锻炼一下，他们投入恰当的努力进行冥想的能力会得到提升。这种锻炼形式不一定非要是瑜伽，即便瑜伽很好。它可以是任何形式的锻炼，但最好是你喜欢做的那种。同样地，你可以问问自己，某些食物给你带来了什么感觉。你是否觉得有些食物让你有活力，而另一些则让你感到焦躁不安或者昏昏欲睡？你可以调查一下这些，花一点时间去留意你生活中的哪些方面能提升头脑空间的质量，而哪些方面有损于头脑空间的质量。以下是一些实际操作，可以帮助你确立卓有成效的、经常性的冥想。

## 找一个合适的地方

我们很少有人能奢侈到拥有自己的冥想房间，但幸运的是，你可以在任何地方学习冥想。在开始的时候，你需要记住几件有用的事。首先，找一个你可以不受打扰地坐10分钟的地方。对许多家庭来说，这可能说起来容易做起来难。因此，事先跟家人交流一下，把这点要求讲清楚是很重要的。如果身边没有人可以帮忙照看孩子，那么你也许需要等孩子睡着了再开始，或者也可以在早上，在孩子醒来之前进行。刚开始的时候，拥有一个这样的空间、拥有这简短的10分钟对你是很重要的。有些人常常会担心外面的噪声，但是正如我之前提到过的那样，你不需要担心，而且完全可以把它纳入你的练习中。不过，安静的环境是最好的选择。

其次，你可以每天使用同一个空间。这样做对于重复新习惯而言很有用处。每天回到同一个地方对我们也会有一定的安抚作用。你也许会发现，如果这个空间相对比较整洁，你会更为放松。回想一下你上一次进入一个非常杂乱的房间或非常整洁的空间时的情景，它们给你带来了什么感受？整洁的房间有没有给你带来一种宁静感？对许多人来说，答案是：有。因此，如果你也属于这种情况，你也许会想要这个房间，或者至少想要这个房间里干净整洁的区域。

最后，虽然你可以坐在房间里任何你喜欢的地方，但是如果周围比较开阔，你也许会觉得更舒服。如果你蜷缩在角落里，或者被夹在两件家具之间，那么有时候你也许会感到局促不安，这对心灵而言就不太好了。冥想可以在任何地方进行，事实上，在我知道的人里，有几个人是坐在马桶上冥想的（马桶盖着盖子），因为这是他们所能找到的唯一不会受到打扰的地方。

## 穿什么

冥想的时候穿什么真的不重要，只要你自己觉得舒服就好。冥想之所以非常灵活，原因之一正在于此。你可以在去上班的路上，穿着套装冥想，也可以在家里穿着瑜伽服冥想，甚至穿着睡衣冥想。然而关于着装，有几条建议你也许会觉得有用。也许最重要的是，你要有足够的呼吸空间。如果你的牛仔裤很紧，弄得腹部都不能动，这对于坐着放松而言就没有什么好处了。因此，你要确保把所有的带子都解开，如有必要你可以解开一两个扣子。脚稳稳地放在地板上，也会有一些帮助。因此，你要确保脱掉所有有后跟的鞋子。你不需要光脚（如果你喜欢，光脚也行），但是如果双脚平放在地板上，你可能会觉得更踏实，而且冥想练习的第一部分也会变得更容易一些。最后，如果你戴着领带或者围巾，最好把领带或围巾松开。坐在那里的时候，任何束缚感都会令人不快，因此，一定要确保做了一切会让自己感到舒适的事情。

## 如何坐下来

最重要的是你对自己的心灵所做的事情，而不是你对自己的身体所做的事情。身体在冥想过程中具有一定作用，但是正如我之前所说，如果你的心灵没有集中，那么就算你能够摆出完美的莲花坐姿，也起不到特殊作用。如果你打算将冥想作为全职事业，那么学会如何以传统的方式就座还有几分用处，但如果你只是为了明天的修习，那么坐在椅子上也是完全可以接受的。我曾在一家特别的寺院受过训练，在那家寺院，我们都是坐在椅子上冥想的。因此，我可以向你保证，以这种方式冥想是完全可以的。重要的是，一定要保证舒适，要放松，要安然自在，但同时要专注，要警醒。

我们需花上一点时间想想，身体是如何反映心灵的。如果我们非常疲惫，或者感到有点怠惰，那么我们往往就会躺下。如果我们精力充沛，或者反应敏捷，我们可能会需要保持活跃。如果我们感到气愤，那么我们的身体一般来说会收紧。另外，如果我们感到非常放松，那么我们的身体往往就会感到更加放松一些。当你每天坐下来冥想的时候，这种反馈回路值得记在脑子里。你在椅子上的坐姿最好是稳当的、警醒的，而同时，最好还是放松的、自在的。采取一种能反映出你想要培养的心灵特性的坐姿，一切都会容易很多。

任何椅子都行，但是厨房或餐厅风格的直背椅会使你坐起来更容易些。圈椅、沙发、床等都太软了，不适合。它们也许会给你带来放松的感觉，却不大可能带给你警醒感。因此，需要你做出一点努力来保持坐姿的椅子是最合适的。以下是针对坐姿的一些通用建议。

1. 椅背最好是直的，但也不用勉强。

2. 你也许会发现，你的骨盆姿势决定了你的背部姿势，通常情况下，在背部放一个小垫子会帮助你矫正“驼背”现象。

3. 如果需要的话，可以靠在椅背上，但是请不要往后靠——要向上，而不是向后。
4. 双腿最好平行放着，双脚也平放在地上，最好把肩膀打开。
5. 双手和双臂可以放在腿上，也可以放在膝盖上，最好双手叠放。手指不需要像你以往在图片中看到的那样摆出任何特定的形状，相反，把手指、手掌以及双臂的全部重量都放在腿上。
6. 虽然这可能听起来像是废话，然而如果头部能正正好地放在脖子上方，既不上仰也不低垂，那将是极好的。你不仅会发现这种姿势更舒服，而且会发现，它能提高你的专注能力。
7. 最后，你可以先闭上眼睛，因为这会降低分心的可能性。关于这一点，相关详细内容见第 2 章。

## 找到一天中比较合适的时间

在锁定一个特定时间去做十分钟冥想前，你还有一些事情需要考虑。也许你早上醒来的时候常常觉得头昏脑涨，或者你总是在早上的时候非常匆忙，所以你无法想象把冥想列为早起要做的第一件事。也许你在一天结束的时候非常疲惫，你知道如果把冥想留到晚上再做的话，你肯定会睡着。也许你的工作场所很安静，所以你已经打定主意，想着可以在午饭的时候挤出一点时间来。我们每个人的情况都不一样，所以重要的是你要找到一个时段，即一个让你觉得舒服、适合你的时段。然而可能的话，有一个时段是你应该避开的，那就是刚吃完午饭后的那个时段。在一天中的这个时间里，我们的身体往往会感到非常沉重，它正忙着消化，因此我们会很容易睡着。在吃完一顿丰盛的晚餐后，情况也是如此。

经常有人问我，你觉得一天中可能的最佳时间是什么时候？我总是会以同样的方式来回答。无论你是个早起的云雀，还是个晚睡的夜猫子，在你还处于学习阶段的时候，冥想的最佳时间是早上醒来的第一时间。关于这一点，切合实际的理由是，这个时间往往是一天中最安静的时间，这个时候，屋子里的其他人都还在睡着，因此你很容易找个安静的地方不受干扰地坐下来。同时，这也是个清除晚间昏沉的好时机，使你精神焕发地以良好的心理状态开始这一天。可能最重要的原因在于，如果你在早上冥想，就一早把这件事完成了。把它推到白天的其他时间去做是一种很危险的策略，因为其他事务、最后期限或者干扰会突然出现。如果你留到下班回到家之后再做，你也许会非常想窝到沙发里，那个时候你可能连想都懒得想冥想的事了。事实上，我认识很多为了抽出时间冥想而把自己搞到精疲力竭的人。他们不断地把冥想加入下一个“待办事项清单”中，结果却是“未完成”状态。他们用来减轻自己压力的事情，反倒不知怎么成了他们的另一个压力来源。这可不是冥想的目的！

大早上起来找点时间这个主意可能会使人打退堂鼓，但是要记住，我们说的仍然只是 10 分钟。这是将要为你这一天定下基调的 10 分钟。我们也许特别想用这 10 分钟多睡一会儿，但是冥想过程中的深度休息远比多睡 10 分钟更有用，也更有益。此外，在这个过程中，你是清醒的。

最合适的时段当然还是取决于你，不过请你给自己提供使冥想发生作用的最好时机，选一个符合你实际情况的时间，即一个你知道每天都可行的时间。

## 计时

许多人说，使用定时器是跟冥想最背道而驰的事。“如果你要承受着压力，在限定时间内完成冥想，你怎么可能得到头脑空间呢？”这样看待使用定时器这件事，也许对我们并没有好处。使用定时器是出于几个切实的原因。首先，在冥想过程中睡着不是什么新鲜事，因此你得在预先设定的结束点上醒过来（尤其是如果你还要按时去上班的话）。其次，你得知道自己在那里坐了多久——有时候1分钟会漫长得像是10分钟，而有的时候正相反。最后，还有一个最重要的终极原因。

说到冥想，每天都是不同的。这一天你可能发现你的心灵非常平静，而另一天你可能发现它非常繁忙。有时候，你的心中可能也没什么特别的情绪，而有时候，你也许会非常强烈地感受到某种情感。当你心情平静放松的时候，我相信你能够安稳地坐下冥想整整10分钟。事实上，你甚至会决定，在做完10分钟后，因为如此喜欢，再延长10分钟。相反，如果你的心灵非常繁忙，如果你正为某件事情恼怒不已，你也许会发现，只过了几分钟，你就觉得继续下去毫无意义，然后决定立刻停下。

如果冥想的目的是了解自己的心灵，那么用这种方法你只会了解到心灵中快乐而宁静的一面，而永远不会了解其中令人苦恼的那一面。最初的时候你也许会觉得这样也挺好，但是，你什么时候因为太开心或者太放松而出现过问题？因此，我们需要了解的其实是心灵中那些令人苦恼的想法和情感。为了了解自己的内心，用新的视角来体验生活，重要的是无论发生什么事，都要始终越过终点线，要完成这10分钟。同样地，在感到开心的时候，在好像能坐下永远冥想的时候，最好在定时器响起的时候停下来。这样的话，你会养成非常端正的、有用的修习习惯。当然，如果你后面想要再做一次冥想，也可以，但是首先请你遵守10分钟这个规则。

你尽量找一个不会在响起时让你吓一跳的定时器。我认识一个人，他为了冥想去买了一个烹饪定时器，这个定时器每次一响起来都会让他的心颤一颤。你也许可以在自己的手机里找一个温和的闹铃。只不过要确保把手机屏幕朝下，别让自己看到屏幕，把手机调成静音，把震动功能也关掉。如果不做到这些的话，想看看是谁打来的电话、谁发的信息这种诱惑实在太难抗拒了。你还可以选一个跟早上喊你起床的闹铃不一样的铃声，人们对起床闹铃有着特别的联想，有时候甚至有强烈的厌恶感。因此，你最好不要把那种铃声设成冥想时计时的铃声。

## 重复的重要性

冥想是一项技能，跟其他技能一样，如果想要学习它、精通它，你需要经常去重复它。如果你每天坐下来冥想，一定会有动能的累积。这跟开始一项新的锻炼项目是一样的。它需要你经常投入，为之累积足够的动能，使之成为你日常习惯中的一部分，成为不假思索就会去做的事情。每天做，在同一时间做，这会帮助你培养起一种非常强大、非常稳定的习惯。

研究冥想和正念的好处的神经科学家发现了重复的重要性。他们说，日复一日地做冥想练习，这个简单的举动就足以促使大脑做出积极的改变。事实上，他们认为，这对于建立新的突触关系和神经路线来说极其重要。新的行为模式和心理活动是可以创造的，而同样重要的是，旧有的心理活动模式也是可以去除的，因为我们的许多心理活动都是习惯性的，这对我们有着颠覆人生的意义。研究还表明，甚至这种体验在冥想者看来是积极的还是消极的并不重要，无论积极还是消极，它都会对冥想者的大脑产生同样的有益影响。因此，哪怕你觉得冥想进展不是很顺利，也会产生积极的影响。无论你在某一天是什么心情，都请重复这个过程，因为正是通过这种重复，我们才能为未来获得更多头脑空间打下基础。

如果你偶尔某一天漏做了，请不要把这当成彻底放弃冥想的理由。利用它作为一个契机，强化自己的决心，锻炼自己的应变力，保持对变化的环境的适应力。你仍然会见到冥想带来的好处。我的一位客户最近评价说："很难确切说清好处到底是什么。我所知道的是，在坚持冥想的那些天里，我感觉棒极了，而没有冥想的那些天里，我感觉糟透了。"请留意你在冥想时是什么感受，并留意因为某种原因而不能冥想时又是什么感受。

# 记得去记得

常常有人跟我说，虽然他们很赞同在一天中始终保持正念这个理念，甚至停下手头的事情去做冥想练习，但他们还是发现，很难记得去做这件事。出于这样或者那样的原因，时间好像就那样过去了，人们躺在床上，准备好要睡觉了，这个时候，却突然想起自己忘记冥想了。然后他们就会为没有冥想而感到愧疚，会觉得自己无药可救，然后就觉得冥想大约不适合自己。在你重蹈他们的覆辙之前，请先思考以下内容。

学习冥想的技巧之一是记得去做，有足够的意识，保持足够的清醒，从而认识到现在就是你用来修习的时间。如果刚开始的时候忘了几次，请不要惊讶，这是很正常的，但是这凸显了始终在固定的时间冥想的重要性。我想，你很少会忘了刷牙，很少会忘了早上冲澡，很少会忘了吃晚饭，很少会忘看自己晚上最喜欢的节目，对吧？

你可以在一天的日程安排中找到同一个空档，从而抽出 10 分钟时间，但是记得在一天的所有时间里保持正念就有点难度了。事实上，在“头脑空间”活动中，我们甚至会分发小小的圆形贴纸给大家，让他们贴到他们的手机、电脑、橱柜门上，以便提醒自己，要在一天中始终保持正念，保持觉醒。贴纸上什么都没有，因此对其他人来说并没有任何意义，但是对这些人来说，这是一个提醒，提醒他们心在当下。如果你觉得会有帮助，你也可以这样做来帮助自己记得。

## 信任自己的体验

冥想的关键在于它是很难量化或者评判的。正如我之前提到过的那样，不存在什么好的冥想或者坏的冥想，只有觉醒和不觉醒、分心和不分心之说。因此，请你在这个基础上进行评判，但是不要觉得一定得拿这次的冥想跟另一次的比一比，或者更糟的是，拿自己的跟别人的冥想体验做比较——冥想就是它此刻的样子。

相信你自己的体验，不要光依赖别人的观点。这会使冥想变成你生活中现实的一部分。我在这里转述一下一位知名的冥想师父的一句话：“你不要因为我说了冥想会起作用而去冥想。”请你自己去尝试，看看它对你会不会起作用。请你持续冥想、实实在在地冥想，评判冥想是否对你有影响。如果真的起作用，你会更自信地继续做下去，甚至会每天冥想的时间更长一点。如果真的好像没有作用，请你耐心等一等。就像想要尝试新咖啡，你需要至少等到水开，把水倒出来，品尝咖啡，然后你才能真的说它到底适不适合你。这就是为什么我通常建议在完全放弃之前，至少先做 10 天。

## 不舒服或焦虑，你该怎么办

当你刚开始坐下来冥想的时候，感到有点焦虑或不安是很常见的，这个时候，回想一下野马那个比喻会很有帮助。如果你一直忙着做别的事情，或者仅仅是一直想法很多，那么你的心灵就不可能会立刻安静下来。它已经累积了一些动能，这些动能需要几分钟的时间才能安定下来，所以从身心上体验心灵的这种动态才是符合规律的做法。因此正如我之前描述过的那样，要记得给心灵以空间，要记得容许它按自己的节奏进入自然的安定状态。

在一段冥想快要结束的时候（无论你坐了多久），你也许会开始体验到某种不适。你也许会注意到，今天的冥想是这样的，另一天的却不是这样的，而这些变化是值得你注意到的，也值得你考察一下身体上的痛感是否以某种方式反映了当时的心理状态。它是应对任何不适的一种很好的方式。现在，除非你出现了严重的背部问题，否则在椅子上坐一会儿应该不会带来真正的生理问题。不过，即便如此，对大多数人来说，安静地坐着不受任何干扰都是一件很不寻常的事情。因此不可避免地，你会觉察到身体上有一些你通常不会注意到的小小不适。然而重要的是你要记住，这些不适早在你坐下来之前就已经存在了。冥想所做的不过是照了一道觉醒之光在其上，因此你能够更清楚地看到它们。最初的时候，这可能听起来像是坏消息，但是事实上，这是非常好的消息，因为我们需要更清楚地看清情况，然后才能对之放手。因此，这几乎就像是，目睹不适浮出表面，其实就是目睹你与它之间的分离。无须多说，如果你体验到了任何形式的慢性的或急性的疼痛，最好去找医生检查一下。无论你怎么做，请不要拿轻微的不适为借口放弃冥想，因为你永远不知道头脑空间会在什么时候突然闪现。

# 把你的反馈记录下来

无论是记在笔记本中，还是记在本书后面的日记中，从一开始就把自己的冥想体验记录下来真的会非常有用。否则的话，你的体验会很快消失，并且在冥想之前和之后跟其他情感混杂在一起。这并不是要你“以 10 分为满分打个分”，而是让你以“散步见闻”的形式把你的发现记录下来。

请记住，在整个过程中，你不一定非得是一天比一天更加专注和澄澈，而是要留意你每次坐下来冥想的时候身体和心灵发生的任何事情。日复一日地目睹这个转变本身就足以带来轻松看待事物的方式，带来更大的接纳和改变的意愿。我们往往会强烈地觉得自己是某一种人，但是在坦诚地做完这个练习之后，你会意识到我们实际上可能不局限于那种人。我们每时每刻都在改变，而当你清楚地明白这一点时，你就很难再固守某一种固定的自我看法了。这带来的结果是，你会感到更自由，会觉得不再有必要沿袭同一种习惯性的模式，不再执着于某一个特定的身份。

不错，有时候海面非常平静，但是有时候，它会有很大的浪，大到几乎要吞没我们的地步。这些起伏是人生中不可避免的一部分。如果你忘了这个事实，那么强大的难以应对的情感之浪也许会把你卷走。用冥想对心灵进行训练，你就有可能培养出更稳定的态度，这样你在人生中会体验到更多的平静与泰然。

# 第⑤章 正念生活

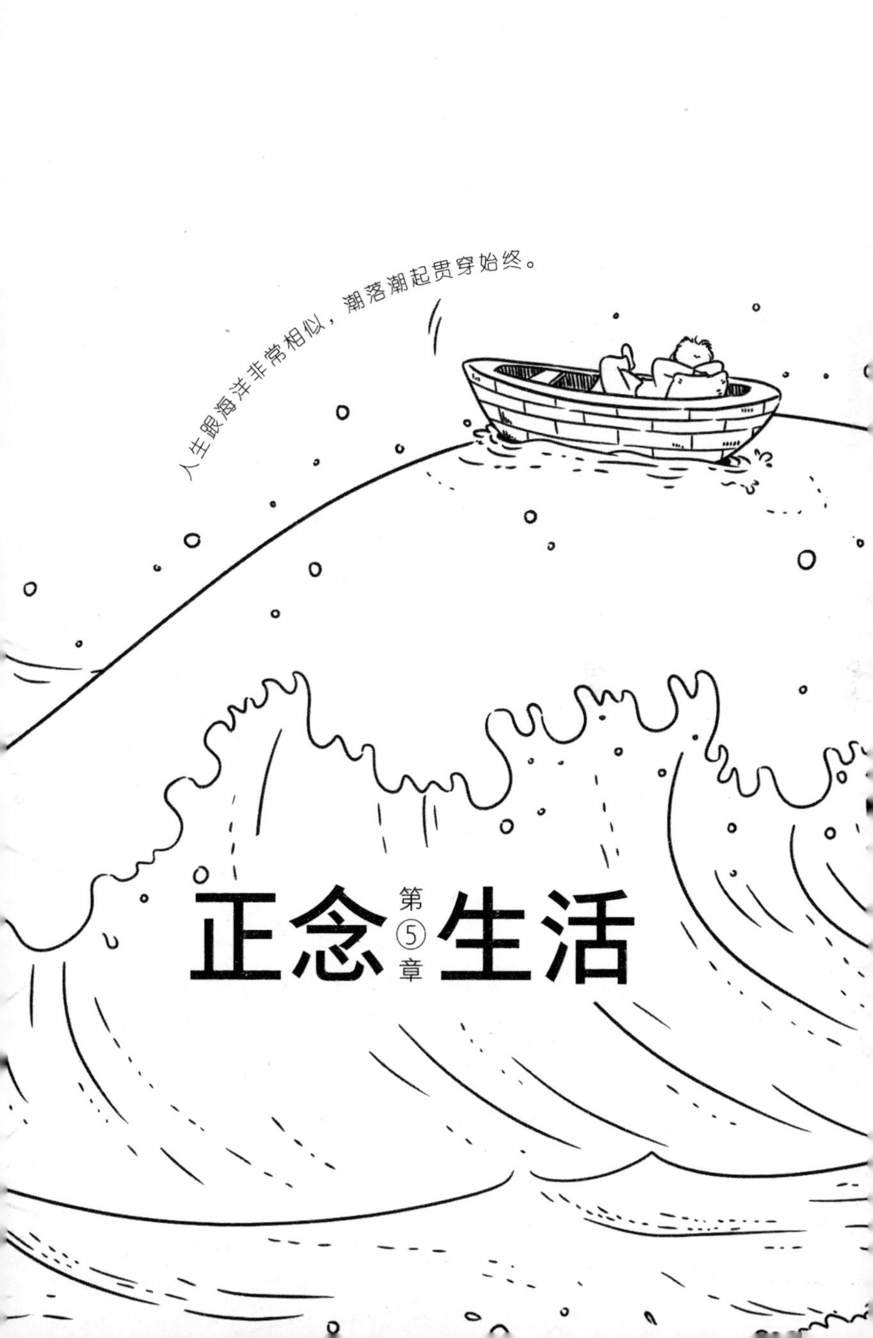

在本书中，你很容易找到有助于冥想修习的方法，但是在这里，我想提出一些我认为非常重要的建议，希望这些建议能帮助加强你的日常正念修习。无须多说，在这些建议中贯彻始终的主题，一是觉醒，二是对自己和他人的理解。要义是培养适度的好奇心：观察、留意自己生活的各个方面——行为方式、说话方式、思维方式。请你记住，冥想不是致力于让你变成别人，而是让你与当下的自己自在相处。

## 视角：选择看待生活的角度

你如何看待自己的生活并不影响冥想的有效性，但合理选择看待生活的角度会让你对负面思维模式更加警惕，从而避免深陷其中。正是这种不断增强的觉醒为我们做出持续的改变提供了可能。

留意自己的视角会如何转变对我们同样有用，你可以留意一下：某一天，你登上一列拥挤的火车，却没有为之感到过于困扰，而另一天，同样拥挤的列车却好像触发了你的各种情绪。你会很清楚地意识到，并不是外在的事物给我们带来了最大的麻烦，而是我们心灵里面的事物给我们带来了困扰——幸好，心灵里的这些东西是可以改变的。留意视角在每时每刻的转变，这会为你的日常冥想提供强有力的支持。

## 交流：理解他人

如果你想要通过冥想修习获得更大的快乐，那么把自己的失望发泄在他人身上是不可能得到平静清澈的内心的。因此，巧妙而小心地与别人交流是我们获得头脑空间的关键。这有时意味着我们要更有克制力、更有同理心、更能洞察自己的人际关系，或者三项都必须做到。

据说，无论你多么善待他人，有些人总会挑出刺来。在这些情况下，你几乎一点办法都没有。努力用同理心去理解他们，并辨认自己心中相似的心态，会起到一定作用，但是如果有人始终对你不友好，那你最好还是保持距离。

## 感恩：心嗅蔷薇

你有没有注意到，有些人对自己生活中一丁点的困难都会再三强调，却几乎不曾花时间去回想自己的幸福时刻？之所以会这样，部分原因在于：幸福是“我们本来就应该得到的”，而一切不幸福都是错的或者不对的。

抽出点时间去感恩，这种想法可能在有些人看来有点荒唐，但是如果我们想要获得更多的头脑空间，这是必备的。在对自己拥有的东西培养出更多发自内心的感恩之情后，我们会开始更清楚地看到，那些人的人生中到底缺失了什么。

## 善良：对自己，对别人

当你对别人善良的时候，你会感到快乐。这不是高深莫测的道理。你会感到开心，别人也会感到开心。它有助于你得到快乐的、平静的内心。在以善待他人为目标的同时，可不可以对自己也表现出一点善意，尤其在学着变得更具正念的时候？我们生活在期望值如此高的世界里，它带来的结果是我们常常对自己在学新东西时的进展充满挑剔。

幸运的是，冥想中蕴含着奇妙的方法，这种方法能带出人心中的善良，而且在日常生活中修习善良反过来也会促进你的冥想。善良使心灵变得更柔软、更具适应性、更易于修习。它会创造出一种少评判、更开放的思维模式。显然，这对我们与他人的关系有深远的影响。

## 慈悲：换位思考

慈悲不是我们能“做”或能“创造”出来的东西，

它是本来就存在于我们每个人身上的东西。请你回想一下“蓝色的天空”那个比喻，同样的原则也适合慈悲。事实上，蓝色的天空同样也代表着觉醒和慈悲。

有时候，慈悲会自发地出现，就跟阴云散去蓝色的天空露出来一样。有时候，它可能需要我们有意识地做出一些努力，虽然彼时阴云笼罩，但我们仍要想象蓝色的天空是什么样子。你越想象这种画面，慈悲就越有可能自然出现。慈悲其实跟同理心非常相像，就是换位思考，互相理解。

## 平衡：平静泰然

人生跟海洋非常相似，潮落潮起贯穿始终。不错，有时候海面非常平静，但是有时候，它会有很大的浪，大到几乎要吞没我们的地步。这些起伏是人生中不可避免的一部分。如果你忘了这个事实，那么强大的难以应对的情感之浪也许会把你卷走。

用冥想对心灵进行训练，你就有可能培养出更稳定的态度，这样你在人生中会体验到更多的平静与泰然。不要把这种泰然和单调乏味弄混了，在单调乏味中，人会变得没有情感、生活暗淡，在人生中随波逐流。事实上，泰然与乏味相反。对自己的情感更为觉醒意味着，你对待情感的经验有所增长，哪怕仅仅是不那么为之纠结，你那种好像自己任由它们摆布的感觉就会消失。

## 接纳：抗拒是徒劳的

无论你有多么幸运，人生中难免会有压力和挑战。我们常常试图忽略这个事实，并因此在不能如意的时候感到沮丧和失望。跟慈悲很相似的是，在你考虑接纳的时候，回想“蓝色的天空”那个比喻，会起到一定的作用。

接纳的过程是发现我们需要对什么放手的过程，而不是我们需要开始做什么的过程。在这个过程中，时时刻刻留意自己的抗拒心理，你会开始更明白，到底是什么使接纳无法自然出现。反过来，这会使你更安然地对待冥想过程中出现的想法和情感。

## 平静：对不耐烦放手

对许多人来说，人生是如此忙碌、如此紧张，所以不耐烦是无法避免的。在紧张忙碌的时候，你也许会注意到，你的下巴绷得很紧，你的脚在轻轻地拍打地面，或者你的呼吸会变得越来越浅。如果能带着适度的好奇心来留意这种不耐烦，它的性质就会开始发生变化，它的动能就会莫名减弱，它对人的控制就会放松。

不耐烦会经常出现在你的日常生活中，同样，它也会经常出现在你的冥想修习中——两者相映相称。事实上，如果你跟大多数人一样，你会很清楚地发现自己在问："为什么不能更快地见到结局呢？"请你记住，冥想的要旨并不在于成就和结果——这正是为什么我们说冥想是打破生活节奏而进行的一种适宜转变。相反，冥想的要旨是学会觉醒，在那种自然的觉醒空间中更安然地安定下来。

## 投入：坚持下去

正念的要旨是从根本上转变你理解自己想法和情感

的方式。虽然这听起来也许有点令人激动，或者令人觉得颇有压力，但它其实是通过微小的、经常性的重复实现的。这意味着，你要经常修习冥想，无论自己感觉如何。跟其他技能一样，你对正念应用得越多，你在这方面会变得越自信，你会越来越熟悉它带来的感觉。

通过这种微小的、经常性的练习方式，你会渐渐开始在冥想中获得一种稳定的觉醒感，它会自然地在你生活中的其他时段延续。同样地，如果你在日常生活中更具正念，那么你的修习也会受到积极的影响。如果你真的清楚地知道自己的目标，知道自己为什么要学习冥想，知道自己周围有哪些人将会从你日益增长的头脑空间中获益，那么你就不大可能连每天短短的 10 分钟都抽不出来。

## 心在：灵巧地生活

灵巧地生活有时候意味着心在当下，在你觉得自己可能要说或做些你会感到后悔的事情时，它会阻止你。它有时候还意味着，有觉醒力，觉醒状态稳定，能够敏锐地对困难处境做出回应，而不是冲动反应。因此，灵巧地生活要求我们具备一定的妙观察智。

不幸的是，智慧是无法从一本书里学到的，无论这本书有多么渊博深刻。相反，它跟我们对人生的经验性理解有关，而这种理解是只有影响才可以帮助提升的。正如慈悲和接纳会使我们想起“蓝色的天空”那个比喻，“心在”也是如此。因为智慧不是你能“做”或“使之发生”的东西，而是始终都在我们每个人心里。只有对自己内心的空间越来越熟悉，更充分相信自己的本能，我们才能学会将这种妙观察智应用到日常生活中。简而言之，我们可以开始更灵巧地生活。

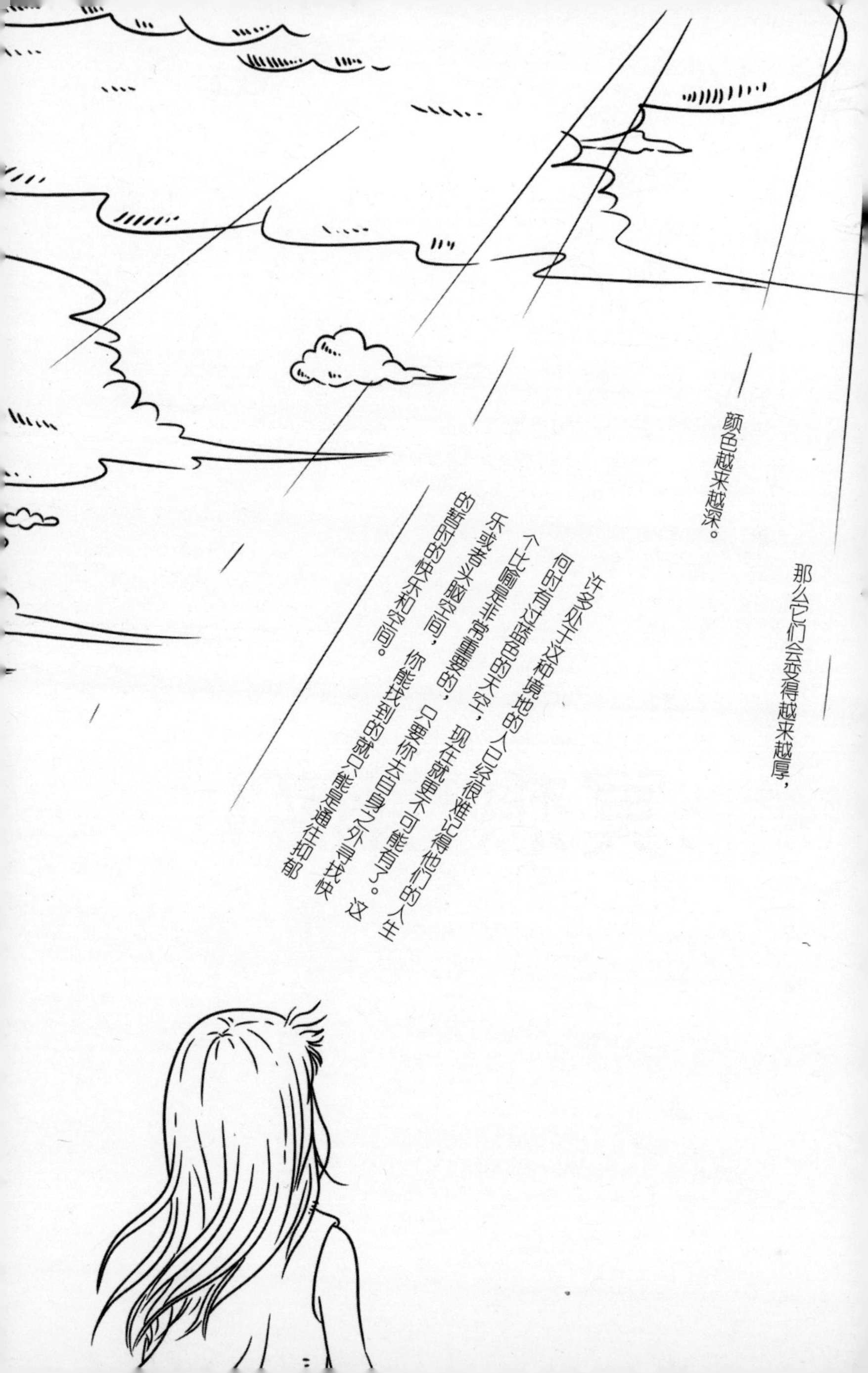

那么它们会变得越来越厚，
颜色越来越深。
许多处于这种境地的人已经很难记得他们的人生何时有过蓝色的天空，现在就更不可能有了。这个比喻是非常重要的，只要你去自身之外寻找快乐或者头脑空间，你能找到的就只能是通往抑郁的暂时的快乐和空间。

# 冥想案例

第⑥章

## 詹姆斯，40岁

詹姆斯，已婚，有三个孩子。他是一个成功的商人，虽然工作很辛苦，却保持着良好的生活方式。如果你知道他因为饱受焦虑之苦而来到我的诊所，你也许会感到惊讶。我们很容易忘记，我们在表层看到的东西往往跟其内里不一样。

詹姆斯跟我说了他的忧虑程度。他常常担心自己的妻子会跟别人私奔，担心自己的孩子会受到伤害，担心自己父母的健康，担心自己的企业，担心为自己工作的人。他也常为自己担心。事实上，他经常去看医生，经常在网上查来查去，想确定自己会在哪段时间患上什么病。

他说，别人经常跟他说他是多么幸运，他的生活多么精彩，所以他没法跟别人说他处在持续的焦虑状态中。同样地，他也不可能跟别人说，一切如此顺遂只会让他感到更加紧张，因为他可以失去的东西比别人要多。他说，只要一想到这些担忧，他就会感到焦虑。然后他就会感到愧疚，因为他觉得自己的这种想法实在太蠢了，他担心自己是不是疯了。

突然产生冥想的想法，是他在电视上看到相关内容之后。他说，虽然感觉冥想有点怪，但是他愿意试一试。他是带着许多关于冥想的先入之见来到诊所里的，他以为冥想的作用就是终止人的想法，清理人心中那些令人不快的感受。他来的时候，还带着一颗开放的心和接受一切新事物的意愿。事实上，他是如此愿意接受新事物，以至于他寻找一切机会应用冥想技法。他将正念应用到自己在健身房的训练中，应用到自己吃午饭的过程中，甚至应用到临时照看孩子的过程中。他还很快养成了每天冥想 20 分钟的习惯。

虽然热情不一定能影响结果，但在詹姆斯的事例中，这种热情似乎给他带来了很大的改变。渐渐地，我看到他对自己的感知变得越来越放松。我们一起用过许多种技法，其中有一些是通用的，有一些是专门针对焦虑的。大多数时候，我们关注的焦点是让詹姆斯适应他的焦虑想法。他总是将这些想法看成“问题”，看成“要摆脱”的东西，并对此多有抗拒，所以他一天中大部分时间都是在跟自己的想法搏斗。这是一种常见反应，但是这种抗拒不仅给他带来了紧张，而且因为他把想法当成实质的东西而夸大了形势。

因此，让詹姆斯感到惊讶的是，我让他在冥想的时候少关注焦虑本身，而把关注焦点放在自己对焦虑的抗拒上——焦虑这个东西，你对它放任不管，它往往会自行来去。过了一段时间之后，他开始注意到，自己执着于努力控制焦虑，这反而导致了焦虑。随着他对自己的这种习惯越来越觉醒，紧张情势也渐渐消散。

这些做法虽然没有立刻消除他的焦虑感，却改变了他看待焦虑的方式。在这几个月里，我注意到，詹姆斯开始发现其中的有趣之处，不再那么严肃地看待自身或者自己的想法了。事实上，他甚至开始跟别人谈及自己的这些想法。让他惊讶的是，他的妻子欣慰地告诉他，她一直觉得他“有条不紊”，而她自己则“十分疯狂”。在知道他也有类似的感受后，她的压力也减轻了一些。他甚至在酒吧里拿自己的焦虑跟朋友们开过几次玩笑。

我最近遇到了詹姆斯。如我预料的那样，他对冥想的热情使他一直坚持了下去，他每天早上都进行静坐冥想。他说，虽然在某些特定情况下，他仍然会感到担忧，但是他已经不像以前那样为之困扰了。他再没有过强烈的焦虑感。更重要的是，他说他不再为自己的忧虑感到恐惧了，这意味着他不再需要花费大量的时间精力去摆脱这种感受了。颇具讽刺意味的是，他笑着说，自从他不再与忧虑感搏斗之后，它也不那么频繁地出现了。

## 瑞秋，29岁

瑞秋来到诊所是因为她开始出现睡眠障碍。她去见了医生，医生给她开了安眠药，但是瑞秋不愿意吃。

我们对她出现睡眠问题的原因做了探讨。瑞秋觉得，可能是由于在工作中面临着很大的压力。还有，她刚跟男朋友搬到一起住，而她的频繁加班导致他们之间发生了争执。他并不是不体谅她，而是觉得她分不清主次。

瑞秋说她的问题是得了“失眠症”。我问她有没有能够安睡的时候，她说有时候睡得非常好。这就不大可能是失眠症，因为失眠症是持续的、长期的。我问她是否还记得第一次睡不着的情形。她回答说那是六个月前，那天她的工作特别不顺心，当时她正在为第二天一个很重要的报告做准备，一直到午夜时分才回到家。等她回到家的时候，她的男朋友已经睡着了，她说这让她感到有点愧疚，而且感到有些孤单。

她说，她记得自己当时躺到床上的时候特别焦虑，各种想法纷至沓来。她很清楚，自己第二天必须状态良好，必须拿出最佳表现，但是她越想就越清醒。事实上，她发现，焦虑很快演变成沮丧。最初的时候，她恼火自己的上司，但是随后又开始恼火自己的男朋友，最后又开始恼火自己。

结果是，她第二天的报告进展很顺利，公司拿到了合同，即便瑞秋说她感觉糟透了，觉得自己并没有发挥出最佳状态。然而她最恐惧的是，自己可能会再次失眠。回到家的时候，她已经想好了入睡的策略。她要泡个澡，然后早早上床睡觉。虽然她很累，她的身体却不习惯那样早睡，因此她又睁着眼，久久睡不着。她开始恐慌，害怕这种事会一再发生，于是她又度过了一个不眠之夜。当然，有时候她会立刻睡着，但是睡眠障碍模式已经形成了，她越来越担心自己睡不着觉，这反过来又真的让她睡不着。

我先向她保证，她的睡眠障碍是非常常见的，然后我向她介绍了基本的冥想方法，让她回去每天做 10 分钟。虽然她对我让她早上冥想感到有点奇怪，因为她明明是晚上的时候才睡不着觉。我解释说，那不一定是心灵的运作方式，而且我告诉她，每天持续练习是非常重要的。

我还让她关注自己的“睡眠卫生健康”。这指的是我们准备入睡的方法。我让她确保只在卧室里睡觉，当然她可以和男朋友一起睡。这种做法会强化上床和入睡之间的关系。我让她白天的时候不要打盹儿，这样对于养成规律的睡眠时间非常重要，每天在差不多同一时间上床，在差不多同一时间起床——刚开始的时候，甚至周末都要如此。这听起来可能有点太严格了，但是为了让身体和心灵养成新的习惯，她必须重复很多次。我还让她晚上比较晚的时候不要看任何刺激性的电视，也不要玩电脑游戏，因为这都会让心灵运转加速。我们还讨论了她吃的食物，以及睡前几个小时进食的重要性，好让身体有时间去消化。最后，我们讨论了买一个老式闹钟的重要性，以便于她在夜间把手机放在另一个房间里，这样她才不至于克制不住自己去查看电子邮件。

在第一个星期里，瑞秋非常兴奋，因为她连着睡了几个囫囵觉。在第二周的时候，麻烦又回来了，她对自己的进展感到不耐烦。我们又讨论了一下方法，还讨论了她要采取的态度，以便能见到最好的效果。到了第三周的时候，她开始真的见到成效。

在接下来的几个月里，我们继续会面，陆续采用了其他技法，直到最后，到了针对睡眠的技法（如上文关于睡眠冥想的内容）。她偶尔还会睡不好，但是大体上在睡眠方面已经更有信心了。也许最大的改变在于瑞秋对睡眠的态度。她不再把它看得那么重了。她说，回顾以往，她无法理解自己为什么要把安睡看得那么重。她说，她现在认识到了，她的睡眠不会总是那么完美，但是没关系，对于这种起伏她也挺高兴。正是这种转变使冥想成了一种真正可持续的方法。

## 帕姆，51 岁

帕姆被她的医生转诊到我的诊所。她在过去的 3 年里一直吃抗抑郁药，而且她为了战胜自己的情绪尝试了各种方法。她仍然做着一份全职工作，除她的医生和工作单位里的人事经理之外，没有人知道她患有抑郁症。她描述说，抑郁“就坐在那里”，使一切蒙上了阴影，使一切变得毫无意义。

帕姆的孩子已经成年，他们住在其他地方，她自己离婚已经 10 年了。来诊所见我的部分原因是她想减少吃药。在医生的支持下，她计划慢慢地减少药物剂量，这预计需要一年时间。一年时间听起来也许长了点儿，但是突然停了长期服用的抗抑郁药，会引起很严重的后果，因此，征求医生的同意后缓慢停药，是非常有必要的。各种研究已经反复证明，如果停药过程比较缓慢，复发的可能性就会大大降低。帕姆看到报纸上说，冥想对治疗抑郁应该很有好处，所以她迫切地想试一试。

帕姆抑郁的关键在于，她觉得自己的一切都出了问题，而且一切“都是她自己的错”。事实上，值得注意的是，她不断地强化这些观念。这种认知已经强烈到了如此地步，以至于她的心里眼里全是这样看自己的。只要她继续沉溺在这些想法中，甚至不断助长它们，她就不可能摆脱抑郁。

我们花了很长时间讨论如何才能从这些想法中抽身，创造出一点空间来。我们讨论说，不需要如此认同这些想法，它们并不能定义她，它们不过是被抑郁情绪渲染了的想法而已。我们谈到了“蓝色的天空”那个比喻。当有人感到抑郁的时候，这种理念（我们心里存在一种深层的幸福感）似乎能让人展颜一笑。如果我们对阴云特别关注，特别看重，那么它们会变得越来越厚，颜色越来越深。许多处于这种境地的人已经很难记得他们的人生何时有过蓝色的天空，现在就更不可能有了。这个比喻是非常重要的，只要你去自身之外寻找快乐或者头脑空间，你能找到的就只能是通往抑郁的暂时的快乐和空间。它还会加剧这种感觉——你目前感受到的快乐和空间是“不对劲的”。

创造头脑空间的过程对帕姆来说并不容易，渐渐地阴云开始散去，她想起了蓝色的天空。不过抑郁已经成了如此强大的一个习惯，以至于阴云立马又聚回。因为抑郁是一种习惯，所以这也意味着，它是可以去除的，而帕姆越多地看到蓝色的天空，她就越能意识到，抑郁并不是永久的。平静和快乐时刻已悄然潜入她的生活，到了不容忽视的地步，无论它们出现的时间多么短暂。与此同时，在医生的帮助下，她逐渐减少了药物治疗，直到做好了完全戒除药物的准备。到第六个月的时候，她对戒除药物产生抗拒。她觉得药物是她自身的一部分，她担心改变现状以后，她会变成什么样子。在很大程度上，其实就是她要对这种认知放手。一年以后，她已经更愿意放弃这种认知。她补充说，那感觉有点像跟一位老朋友告别，不过，她乐于与这个朋友一起前行。

正是帕姆愿意理解这种抑郁的情感，愿意与之交朋友，才最终促使她对其放手。此外，她自己做出了努力，每天花时间静坐，观察自己的内心——无论当时是什么感受。帕姆现在通过电子邮件跟我保持联系，她目前一切都很好。如果连续几天感到不开心，她仍然会害怕自己重蹈抑郁覆辙，不过她也说，她已经学会了，只要保持觉醒，记得它们不过是想法而已，她就知道自己永远不会再被它们伤害到。

## 克莱尔，27 岁

有时候，人们来到我的诊所是因为他们想往自己的人生中增添点东西，或者想改善其中的某个方面，例如，专业的运动员想要提高竞争力，艺术家或作家想要触发自己的创造潜能。克莱尔来到诊所时，她的目的是“挖掘自己的创造力”——她喜欢这样形容。她认为，创造力一直就在那里，只不过她接触不到它，因为心灵太过繁忙。这种观点与“蓝色的天空”那个比喻如出一辙，我们不需要创造出“创造力”，相反，我们需要找到一种方式使它浮现到表面来。

克莱尔似乎从事着多种不同的工作。她作曲、演奏乐器、写作，甚至还出版过一本书。她是一位艺术家，从各种意义上来讲都是如此，而且她很明显擅长自己的工作。因为同时要忙这么多不同的事情，她无法长时间地专注于某个想法，等待它完全发展。这带来的结果是，她的家里和工作室里到处都是没完成的诗篇、曲谱和艺术作品。

在练习十分钟冥想的过程中，克莱尔面临的最大挑战是，注意心灵是什么时候游离的——她的心灵经常游离。单单是跟着自己的呼吸数到 2 或者 3，对克莱尔来说已经很难了。这有点像一个链条上的各个环节：一个想法出现了，如果我们带着觉醒之光清楚地看到它，它就会无处可去，就会失去动能，关注的焦点就仍然在冥想对象上。如果第一个出现的想法如此有趣，以至于我们顿时失去了所有觉醒，那么又一个想法会被制造出来，一个接一个的想法涌现。那么结果可能是，一环套一环，5 分钟过去了，你才意识到自己的心灵已经游离。如果每天重复这个练习，那么链条的长度就会逐渐缩短。你的心灵仍然会时不时游离，但是当它游离的时候，你会早一点注意到，然后就可以避免陷在某个想法中了。

克莱尔不仅在保持关注焦点方面有困难，而且很难记住每天抽出 10 分钟时间。她说，她真的很想冥想，但是好像总有别的事情阻挡，总有些需要立刻关照的事情。我想，大多数情况下，没有什么连 10 分钟都等不了的事情。作为帮助她的一种方式，我建议她每天把自己的冥想记在日记里。这个简单的举动其实是在告诉她：“这件事跟生活中的其他日常工作一样重要。”我还让她记下每次漏掉的冥想修习——就记一个短句，说自己不打算做了。这不是每天结束工作时所做的复盘，而只是让她记录下来，写上当时她要做什么以至于连10分钟时间都不能等。克莱尔发现这种做法特别有用。事实上，她说，每次她把理由写在本子上的时候，都觉得那理由如此站不住脚，所以她就干脆抽时间去完成10分钟的冥想练习。

我还让她选择她一天中经常做的几项活动，即可以用来进一步激发正念的活动。她在做这些活动的时候并非只专注于呼吸，而是要以这些活动为支撑，修持心在当下。如果她正在刷牙，那么关注的焦点就在于牙刷在嘴里时的躯体感觉、牙膏的味道、牙膏的气味，甚至在于牙刷来回移动所发出的声音。如果心灵游移开了，那么当她在意识到这一点的时候，她要将关注焦点返回躯体感觉上。她喜欢这种做法，即每周增添一种新的活动。等到10个星期过去的时候，她已经每天会有数次的短暂正念时刻。这种做法以及每天冥想的累积效应不容低估。对克莱尔来说，这些时刻是她的“整合时间”，是她检查自己是否摆脱了其他想法、重新专注于自己手头正在做的事情的时间。

## 约翰，45 岁

约翰来到这里只为一个原因：他的妻子说，如果他不做些事情控制自己的怒火，她就要离开他。约翰并没有肢体暴力倾向，他既不打自己的妻子，也不打自己的孩子，但是他有语言攻击和霸道行为。事实上，约翰发现自己也会跟陌生人发火。他常常在商店里硬闯插队，他开起车来像个疯子，而且一丁点儿不如意就会使他发怒。他有高血压，他常常感到胸口发闷。

约翰知道自己的行为很不理智，但他的脾气一上来就会头脑发热，怒火像红色迷雾一样无处散发。在他的原生家庭里，大家既不讨论也不表达情感。他说，失业好像引发了他所有的脾气。失业这件事给家里带来了额外的压力，约翰痛恨自己无事可干，他还说，自己好像丧失了人生目标。

我建议他尝试两个星期的冥想，如果两个星期后见不到任何效果，就得跟妻子谈谈，商量一下别的可能。我跟他讲了怎样做10分钟的练习，然后简要说明了冥想的时候什么样的态度最有效。

当约翰在第二个星期回到诊所的时候，他说冥想根本没有使他平静下来，反而使他更发狂了。他说，当他开始冥想的时候，他所能感受到的只有怒火，而每个想法好像都带着那种情感。他生气他以前的老板把他解雇了，但最重要的是，他对自己感到生气。他生气自己不能控制那些想法，生气那些想法导致他对他所爱的人不友善。最重要的是，他生气自己不是自己所想的那种人，不是自己想要成为的人。我向他解释说，冥想不会使情况变得更糟糕，而是会让他更清楚地看到自己处于怎样的愤怒状态。不过我还解释说，虽然用愤怒来回应愤怒是可以理解的，而且是符合人的本能的，但这并不是最有益的。

我问约翰，当他的大女儿生气的时候，他会有什么反应。他说，在这些时候，如果女儿真的很生气，他只想抱抱她。他说，如果她愿意，他就会那样搂着她。他根据自己的经验知道，在那个时候无论他说什么，都不可能使她感觉好起来，只要在她身边让她安心就好。我让他花一点时间想想，如果他以这种方法来应对他自己的愤怒，由着这种情绪而不加以评判，他会有怎样的心情。正是在这个时候，约翰开始哭起来了。虽然对他来说，这种做法很明显令他不快而且尴尬，他却无法对其加以控制。他说，他一直没有意识到自己对自己有多么狠，他一直在持续不断地为自己的情绪苛责自己。

于是，约翰和我达成了一个协议，他的冥想过程将不是着重于如何摆脱愤怒，而在于以善意和理解面对愤怒。他的任务是在每一次生自己气的时候仔细观察，然后，在意识到自己生气的时候，不要因为自己生气而生气，而要给愤怒的情感一点空间。在他觉得自己快要失控的时候，他要提醒一下自己，如果这是女儿的情绪的话，他会怎样做。约翰同意这样去做，在他失业期间，他甚至开始坐下来一天冥想两次。他说，他发现这个练习颇具挑战性，他还是常常陷入愤怒，但是他也说了，当他想起我的话时，愤怒的情感就突然之间变得温和多了。

在接下来的几个月里，我们采用了很多不同的技法，每种都是专门针对约翰的性格的，而所有的技法都围绕着善待自己的愤怒这项简单却颇有挑战性的任务展开。我可以很高兴地告诉你，约翰现在与妻子的关系很亲密，他也找到了新工作。并没有发生奇迹，在这段时间他也不是没发过火，不过他说，他的生活现在惬意了很多，而且如果他真的生气了，他会对这种怒火更有洞察力，也能够更好地应对。

## 艾米，24岁

艾米是个单身妈妈，一个人带着女儿。她在跟医生谈论了各种各样的健康问题之后，来到我的诊所。她的身体过于瘦弱，已经停经，而且有点轻微脱发。她是一个意志坚定的人，似乎把整个世界都扛在自己肩上。她努力靠自己一个人抚养女儿，而且虽然很渴望重新恋爱，却觉得没有哪个人会真的对一个单身妈妈感兴趣。艾米对自己的身材特别在意。她每天至少锻炼一次，还在进行节食，她吃得实在太少了，无论是数量还是营养上都远远不够，而且痛苦地纠结于自己对自己的看法。

我注意到艾米的手上伤痕累累。我以为是湿疹，但是问她的时候，她说，每当她感到有压力的时候，她就会频繁洗手，于是在反复擦洗之下双手变得很粗糙。我问她洗手有多频繁。她说，一旦在公共场合碰了东西，她就会去洗手。她知道这样不对，但每次有压力的时候她还会去洗手。更大的问题是她的头发开始掉落，而且她的月经突然间停了。因此，在她去看家庭医生的同时，我们约定每周在我的诊所见一次面。

从很大程度上来讲，艾米自律性非常强，这一点在她开始冥想的时候非常有益，她几乎一次都不会漏掉冥想。坐下来冥想是一回事，而以适当的方式投入进去则完全是另一回事，而且艾米是一个对自己极其不满的人，她发现很难坐下来不带评判地观察自己的想法。她说，大多数想法似乎是关于练习本身的，冥想过程就像是一个实况报道，她随时在点评事情进展。艾米陷入思考模式，她没法心灵宁静。她似乎一直在不断地"纠正自己"，致力于创造她设想中的冥想该有的完美心境。

如果你以前从未试过冥想，你也许会奇怪，怎么会有人一边被告知这样事与愿违，一边仍以这种方式冥想。心灵的习惯模式有时候非常强大，有时候哪怕已经有人告诉我们要以不同的方式做事，我们也会控制不了自己。冥想的耐人寻味之处正在这里。它反映的是你理解你周围这个世界的方式。因此，艾米的冥想体验不过是她的人生态度的折射而已。冥想之后，艾米对于自己为什么会这样生活，还是有了一些重要的见解。她更清醒地认识到，她缺乏自我价值感，她常常会拿自己跟她在学校里教的那些年轻女孩子从身体上去做比较，尽管她比人家大了 10 岁多。她还更清醒地认识到，强大的思维模式促使她出现了强迫症患者的行为。我们采用的冥想技法的主要关注点是鼓励她对自己友善和慈悲。从本质上讲，这些技法跟十分钟冥想里面的基本要素是一样的，但是它们更适应个体的个性和性格特点。

艾米现在已经做了三年冥想。她在冥想早期获得的洞见有了进一步的发展，她现在已经在自我感知方式上发生了显著变化。她的体重仍然过低，但是已经不具有危险性。她仍然每天都锻炼。她说，现在的锻炼更多的是一种快乐，而不是一种自我惩罚，而且她的月经已恢复正常。艾米说，虽然她有了一些很明显的变化，比如生活方式更健康，对生活的看法更平和，然而变化最大的是她对自己的看法。她说，感觉好像是她在自己内心中找到了一些东西，这些东西提醒她，她很好，无论她的“外部感受”如何——因此，哪怕在她再次陷入旧有的思维方式的时候，她也会觉得没什么大不了。

## 汤姆，37岁

汤姆来到诊所，称自己是个“专业瘾君子”。在过去的15年间，他一直沉溺于酒精、香烟、性、赌博和食物。有时候他只沉溺于一种，而有时候他好几种同时上瘾。他进出过康复所好几次，而当他来到我的诊所的时候，他加入了很多不同的支援团，以至于他每周只有一个晚上有空，用来放松或者跟他所说的“没有瘾的”朋友见面。

在这里，我有一句很重要的话要说，如果你觉得自己或者别人好像由于你的成瘾行为陷入危险，那么在采用正念等方法之前，你永远应该先找医生。汤姆之前见过他的医生很多次，但是他感觉自己已经试过了一切方法，仍然会重新陷入旧有的成瘾行为。

汤姆单身，没有孩子，虽然他说自己特别想有一个家庭，但他觉得自己很可能是同性恋。这样的话事情就有点复杂了。他在这些年间也谈过很多次恋爱，但是都不了了之——通常是因为他永不满足的喜新厌旧。汤姆总是在不停地追逐着什么，而只要他有事可做，那么他就一切都好。一旦停下来，他就会紧张不安。他组建了一个能使自己放松的阵列，可以随时跳进去。阵列里的部分事物是社会可接受的，比如大吃大喝，也有一些是隐秘的、不可为他人所知的。

汤姆在这些年间进行了太多次治疗，以至于他都觉得自己无所不知了，所以他不太容易接受新观点。他的情感听起来好像曾经被剖析过，被拆解过，然后又以精神鉴定的形式被重组起来。并不是只有治疗才能做到这一点，冥想和正念也可以做到这一点。在冥想和正念中，我们的观点只被应用在智力层面，而不是真的成为自身的一部分。即便如此，冥想其实比接受治疗难，因为冥想要在沉默中静坐，你无处可躲。他接受的有些治疗是非常宝贵的，而且支援团一直给他带来很大的安慰和安全感，但是也有一些让他失望的。

这对我来说是一个好机会，我借这个机会提醒汤姆，我无法保证他能得到什么样的结果，但是我可以告诉他目前人们正在做的正念和成瘾方面的研究，我可以根据自己的经验，告诉他其他人从冥想练习中得到了什么。我解释说，这一过程的成功取决于他是否按规划进行，取决于他是否能每天冥想，取决于他能否承诺保持开放的心态。汤姆同意了，他未来一周每天要进行冥想，在我跟他讲了如何操作之后，他满怀欣喜地离开了诊所。让他惊讶的是，他发现做起来比他料想的容易得多，而这反过来又给了他极大的鼓励。对那些之前从未做过冥想的人来说，冥想是一个很陌生的概念，因此，如果他们担心自己不能做到，是完全可以理解的。一旦你真的去尝试了，而且亲眼看到自己的确能做到，那就很简单了，就是坐下来，抽出 10 分钟，放松下来，体悟那种静默。就算你的心灵在最初的时候不能集中，然而能够静坐 10 分钟也会使你获得一种自信心，相信自己每次都能做到。

对汤姆来说，这种方法跟他以前试过的其他方法都不一样。过去的很多年里，他已经习惯了每周接受治疗，但是他说，“真正起作用”的是每周一次的跟我见面。有时候，我会在见面的时候安排他在这一周里要思考的事情，但是大多数时候，我只是让他过来，让他谈一谈他童年时期发生的事情。他说，他觉得“让他恢复正常”

很大程度上是治疗专家的责任。我指出，我并不是治疗专家，而且这一次要扛起责任的是他本人。这种观念刚开始有点吓到汤姆了，他以为，如果要负责任的人是他，那么如果进展不顺利，他也要对后果担责。无论我如何向他解释，冥想中没有对后果担责一说，他似乎总是不信。

汤姆对冥想上瘾了，虽然这种说法有点不恰当，然而他在冥想上表现出来的热情和自律确实是我以前很少见过的。是不是他对某种东西的依赖换成了对在冥想中体验到的某种情感的依赖？也许吧，虽然看起来好像不仅如此，而且如果他一定要依赖什么才能生活下去，那很难想象还会有什么比冥想更对人有益。为了解决依赖这个问题，我们也讨论了这种可能：每隔一周过来，而不是每周过来，然后一个月来我这里一次。这对汤姆来说，是迈出了很大的一步。这意味着，他开始为自己的身心健康承担责任，而不是在情况不顺的时候怪罪他人。碰上棘手问题的时候，或者需要指导的时候，他仍然会跟我联系，但是大多数情况下，他很满足于顺其自然地坐下来，看看自己的心灵、自己的生活中会发生什么。他仍然参加着几个支援团，但他感觉自己可以在那里给别人提供帮助，而不只是接受别人的帮助。

# 线下日记

## ·第一天·

1. 你今天抽时间做十分钟冥想了吗？ ○是 ●否

如果你今天没有找到时间做，也不要难过，只要提醒自己，得到一些头脑空间是多么重要，把它安排进你明天的日程中。

2. 在开始十分钟冥想前，你的即刻感受是什么？

这种感受让你觉得自在吗？ ○是 ●否

3. 在做完十分钟冥想后，你的即刻感受是什么？

这种感受让你觉得自在吗？ ○是 ●否

4. 你今天情绪如何，在这一天中，你的情绪经历了什么样的变化？

5. 在这一天中，你对那些细微的事情有清醒的感知吗？

○是 ●否

今天早上的时候，你是否留意到淋浴时流出的水的温暖？

○是 ●否

6. 今天，你有没有注意到你以前从未注意过的事物？如果有，是什么？

## ·第二天·

1. 你今天抽时间做十分钟冥想了吗？ ○是 ●否

如果你今天没有找到时间做，也不要难过，只要提醒自己，得到一些头脑空间是多么重要，把它安排进你明天的日程中。

2. 在开始十分钟冥想前，你的即刻感受是什么？

这种感受让你觉得自在吗？ ○是 ●否

3. 在做完十分钟冥想后，你的即刻感受是什么？

这种感受让你觉得自在吗？ ○是 ●否

4. 你今天情绪如何，在这一天中，你的情绪经历了什么样的变化？

5. 在这一天中，你对那些细微的事情有清醒的感知吗？

○是 ●否

今天早上的时候，你是否留意到淋浴时流出的水的温暖？

○是 ●否

6. 今天，你有没有注意到你以前从未注意过的事物？如果有，是什么？

## ·第三天·

1. 你今天抽时间做十分钟冥想了吗？ ○是 ●否

如果你今天没有找到时间做，也不要难过，只要提醒自己，得到一些头脑空间是多么重要，把它安排进你明天的日程中。

2. 在开始十分钟冥想前，你的即刻感受是什么？

这种感受让你觉得自在吗？ ○是 ●否

3. 在做完十分钟冥想后，你的即刻感受是什么？

这种感受让你觉得自在吗？ ○是 ●否

4. 你今天情绪如何，在这一天中，你的情绪经历了什么样的变化？

5. 在这一天中，你对那些细微的事情有清醒的感知吗？

○是 ●否

今天早上的时候，你是否留意到淋浴时流出的水的温暖？

○是 ●否

6. 今天，你有没有注意到你以前从未注意过的事物？如果有，是什么？

## ·第四天·

1. 你今天抽时间做十分钟冥想了吗？ ○是 ●否

如果你今天没有找到时间做，也不要难过，只要提醒自己，得到一些头脑空间是多么重要，把它安排进你明天的日程中。

2. 在开始十分钟冥想前，你的即刻感受是什么？

这种感受让你觉得自在吗？ ○是 ●否

3. 在做完十分钟冥想后，你的即刻感受是什么？

这种感受让你觉得自在吗？ ○是 ●否

4. 你今天情绪如何，在这一天中，你的情绪经历了什么样的变化？

5. 在这一天中，你对那些细微的事情有清醒的感知吗？

○是 ●否

今天早上的时候，你是否留意到淋浴时流出的水的温暖？ ○是 ●否

6. 今天，你有没有注意到你以前从未注意过的事物？如果有，是什么？

## ·第五天·

1. 你今天抽时间做十分钟冥想了吗？ ○是 ●否

如果你今天没有找到时间做，也不要难过，只要提醒自己，得到一些头脑空间是多么重要，把它安排进你明天的日程中。

2. 在开始十分钟冥想前，你的即刻感受是什么？

这种感受让你觉得自在吗？ ○是 ●否

3. 在做完十分钟冥想后，你的即刻感受是什么？

这种感受让你觉得自在吗？ ○是 ●否

4. 你今天情绪如何，在这一天中，你的情绪经历了什么样的变化？

5. 在这一天中，你对那些细微的事情有清醒的感知吗？

○是 ●否

今天早上的时候，你是否留意到淋浴时流出的水的温暖？

○是 ●否

6. 今天，你有没有注意到你以前从未注意过的事物？如果有，是什么？

## ·第六天·

1. 你今天抽时间做十分钟冥想了吗？ ○是 ●否

如果你今天没有找到时间做，也不要难过，只要提醒自己，得到一些头脑空间是多么重要，把它安排进你明天的日程中。

2. 在开始十分钟冥想前，你的即刻感受是什么？

这种感受让你觉得自在吗？ ○是 ●否

3. 在做完十分钟冥想后，你的即刻感受是什么？

这种感受让你觉得自在吗？ ○是 ●否

4. 你今天情绪如何，在这一天中，你的情绪经历了什么样的变化？

5. 在这一天中，你对那些细微的事情有清醒的感知吗？

○是 ●否

今天早上的时候，你是否留意到淋浴时流出的水的温暖？

○是 ●否

6. 今天，你有没有注意到你以前从未注意过的事物？如果有，是什么？

## ·第七天·

1. 你今天抽时间做十分钟冥想了吗？ ○是 ●否

如果你今天没有找到时间做，也不要难过，只要提醒自己，得到一些头脑空间是多么重要，把它安排进你明天的日程中。

2. 在开始十分钟冥想前，你的即刻感受是什么？

这种感受让你觉得自在吗？ ○是 ●否

3. 在做完十分钟冥想后，你的即刻感受是什么？

这种感受让你觉得自在吗？ ○是 ●否

4. 你今天情绪如何，在这一天中，你的情绪经历了什么样的变化？

5. 在这一天中，你对那些细微的事情有清醒的感知吗？

○是 ●否

今天早上的时候，你是否留意到淋浴时流出的水的温暖？

○是 ●否

6. 今天，你有没有注意到你以前从未注意过的事物？如果有，是什么？

## ·第八天·

1. 你今天抽时间做十分钟冥想了吗？ ○是 ●否

如果你今天没有找到时间做，也不要难过，只要提醒自己，得到一些头脑空间是多么重要，把它安排进你明天的日程中。

2. 在开始十分钟冥想前，你的即刻感受是什么？

这种感受让你觉得自在吗？ ○是 ●否

3. 在做完十分钟冥想后，你的即刻感受是什么？

这种感受让你觉得自在吗？ ○是 ●否

4. 你今天情绪如何，在这一天中，你的情绪经历了什么样的变化？

5. 在这一天中，你对那些细微的事情有清醒的感知吗？

○是 ●否

今天早上的时候，你是否留意到淋浴时流出的水的温暖？

○是 ●否

6. 今天，你有没有注意到你以前从未注意过的事物？如果有，是什么？

## ·第九天·

1. 你今天抽时间做十分钟冥想了吗?　　○是　●否

如果你今天没有找到时间做，也不要难过，只要提醒自己，得到一些头脑空间是多么重要，把它安排进你明天的日程中。

2. 在开始十分钟冥想前，你的即刻感受是什么?

这种感受让你觉得自在吗?　　○是　●否

3. 在做完十分钟冥想后，你的即刻感受是什么?

这种感受让你觉得自在吗?　　○是　●否

4. 你今天情绪如何，在这一天中，你的情绪经历了什么样的变化?

5. 在这一天中，你对那些细微的事情有清醒的感知吗?

○是　●否

今天早上的时候，你是否留意到淋浴时流出的水的温暖?

○是　●否

6. 今天，你有没有注意到你以前从未注意过的事物？如果有，是什么？

## ·第十天·

1. 你今天抽时间做十分钟冥想了吗？ ○是 ●否

如果你今天没有找到时间做，也不要难过，只要提醒自己，得到一些头脑空间是多么重要，把它安排进你明天的日程中。

2. 在开始十分钟冥想前，你的即刻感受是什么？

这种感受让你觉得自在吗？ ○是 ●否

3. 在做完十分钟冥想后，你的即刻感受是什么？

这种感受让你觉得自在吗？ ○是 ●否

4. 你今天情绪如何，在这一天中，你的情绪经历了什么样的变化？

5. 在这一天中，你对那些细微的事情有清醒的感知吗？

○是 ●否

今天早上的时候，你是否留意到淋浴时流出的水的温暖？

○是 ●否

6. 今天，你有没有注意到你以前从未注意过的事物？如果有，是什么？

# 致 谢

我想要对许多人表示感谢，感谢他们在这个项目的过程中，给予我的帮助。我首先要感谢的是在世界各地的寺院和静修中心与我一起研修过的那些冥想大师们。能与他们一起研修，我真是三生有幸。如果没有这些非凡卓越的人的教导，如果不是从他们的研修方法中博采众长，我不可能写出本书。我尤其想要对多纳尔·克里登（Donal Creedon）说声谢谢，谢谢这些年来他给予的指导、他的善良，以及他与我之间的宝贵友谊。

我还想谢谢我的编辑汉娜·布莱克（Hannah Black）以及 Hodder & Stoughton 出版社的整个团队，感谢他们使本书的出版过程如此令人愉快。同样的感谢献给 Greene & Heaton 公司的安东尼·托平（Antony Topping），以及头脑空间项目成员里奇·皮尔逊（Rich Pierson）、玛利亚·斯科菲尔德（Maria Schonfeld），感谢他们对未经勘校的作品投以批判性的目光，感谢他们提出的所有有益的意见。最后，我还要谢谢尼克·贝格利（Nick Begley），感谢他对本书中的科学性研究部分做出的宝贵贡献。

我还想特别感谢伊恩·皮尔逊（Ian Pierson）、米莎·阿布拉莫夫（Misha Abramov）、马库斯·科珀（Marcus Cooper），感谢他们对头脑空间项目友善而慷慨的支持。我谨代表参与头脑空间项目的全体人员，向你们表达我们的不胜感激之情。

最后同样重要的是，我想向我的家人和朋友表示感谢，感谢他们对本书和整个头脑空间项目的大力支持。我尤其想要感谢我的妻子露辛达·英索尔－琼斯（Lucinda Insall-Jones），感谢她给予我的爱、耐心，以及对我所做的所有事情的毫不动摇、坚如磐石的信心。这些对我而言无比重要。

虽然本书容纳了你开始冥想所需要知道的一切，然而你也许会发现 Headspace App 是本书很有用的搭档。它会向你发送正念冥想课程，在课程中我会给你提供简单而容易理解的指导。这个 App 里还有一些对你非常有帮助的视频。你可以在 App 商店或者从谷歌市场下载这个 App（只需要输入“Headspace Meditation”进行搜索就可以了），或者你也可以访问我们的网站 headspace.com。

# 参考文献

## 第1章

1. The Mental Health Foundation. (2010). *The Mindfulness Report*. London: The Mental Health Foundation. http://www.bemindful.co.uk/ about_mindfulness/mindfulness_evidence#
2. Davidson, R. J., Kabat-Zinn, J., Schumacher, J., Rosenkranz, M., Muller, D., Santorelli, S. F., *et al.* (2003). 'Alterations in brain and immune function produced by mindfulness meditation'. *Psychosomatic Medicine*, 65(4), 564–570.
3. Lieberman, M. D., Eisenberger, N. I., Crockett, M. J., Tom, S. M., Pfeifer, J. H., & Way, B. M. (2007). 'Putting Feelings Into Words: Affect Labeling Disrupts Amygdala Activity in Response to Affective Stimuli'. [Article]. *Psychological Science*, 18(5), 421-428. doi: 10.1111/j.1467-9280.2007. 01916.x

   Creswell, J. D., Way, B. M., Eisenberger, N. I., & Lieberman, M. D. (2007). Neural correlates of dispositional mindfulness during affect labeling. *Psychosomatic Medicine*, 69(6), 560-565. doi: 10.1097/PSY.0b0 13e3180f6171f.
4. Benson H., Beary J. F., Carol M. P.: 'The relaxation response'. *Psychiatry*, 1974; 37: 37-45.

   Wallace R. K., Benson H., Wilson A. F: 'A wakeful hypometabolic state'. *Am J Physiol*, 1971; 221: 795-799.

Hoffman J. W., Benson H., Arns P. A. *et al*: 'Reduced sympathetic nervous system responsivity associated with the relaxation response'. *Science*, 1982; 215: 190-192.
Peters R. K., Benson H., Peters J. M.: 'Daily relaxation response breaks in a working population: II. Effects on blood pressure'. *Am J Public Health*, 1977; 67: 954-959.
Bleich H. L., Boro E. S.: 'Systemic hypertension and the relaxation response'. *N Engl J Med*, 1977; 296: 1152-1156.
Benson H., Beary J. F., Carol M. P.: 'The relaxation response'. *Psychiatry*, 1974; 37: 37-45.
Davidson, R. J., Kabat-Zinn, J., Schumacher, J., Rosenkranz, M., Muller, D., Santorelli, S. F., *et al.* (2003). 'Alterations in brain and immune function produced by mindfulness meditation'. *Psychosomatic Medicine*, 65(4), 564-570. doi: 10.1097/01.psy.0000077505.67574.e3.
5. Miller, John J., Ken Fletcher, and Jon Kabat-Zinn. 1995. 'Three-year follow-up and clinical implications of a mindfulness meditation-based stress reduction intervention in the treatment of anxiety disorders'. *General Hospital Psychiatry* 17, (3) (05): 192-200.
Kabat-Zinn, J., Massion, A. O., Kristeller, J., Peterson, L. G., Fletcher, K., Pbert, L., *et al.* (1992). Effectiveness of a meditation-based stress reduction program in the treatment of anxiety disorders. *American Journal of Psychiatry*, 149, 936–943.

## 第2章

1. Grant, J. A., Courtemanche, J., Duerden, E. G., Duncan, G. H., & Rainville, P. (2010). 'Cortical thickness and pain sensitivity in zen

meditators'. *Emotion*, 10(1), 43-53. doi: 10.1037/a0018334.

2. Kuyken, W., Byford, S., Taylor, R. S., Watkins, E., Holden, E., White, K., et al. (2008). 'Mindfulness-based cognitive therapy to prevent relapse in recurrent depression'. *Journal of Consulting and Clinical Psychology*, 76(6), 966-978. doi: 10.1037/a0013786.
3. Kabat-Zinn, J., Wheeler, E., Light, T., Skillings, A., Scharf, M. J., Cropley, T. G., et al. (1998). 'Influence of a mindfulness meditation-based stress reduction intervention on rates of skin clearing in patients with moderate to severe psoriasis undergoing phototherapy (UVB) and photo-chemotherapy (PUVA)'. *Psychosomatic Medicine*, 60(5), 625-632.
4. Hofmann, S. G., Sawyer, A. T., Witt, A. A., & Oh, D. (2010). 'The effect of mindfulness-based therapy on anxiety and depression: A meta-analytic review'. *Journal of Consulting and Clinical Psychology*, 78(2), 169-183. doi: 10.1037/a0018555.
5. Buck Louis, G. M., Lum, K. J., Sundaram, R., Chen, Z., Kim, S., Lynch, C. D., . . . Pyper, C. 'Stress reduces conception probabilities across the fertile window: evidence in support of relaxation'. *Fertility and Sterility*, In Press, Corrected Proof. doi: 10.1016/j.fertnstert.2010.06.078.
6. University of Oxford (2010, August 11). Study suggests high stress levels may delay women getting pregnant. Retrieved January 12, 2011, from http://www.ox.ac.uk/media/news_releases_for_journalists/100811. html.

## 第3章

1. Kristeller, J. L., & Hallett, C. B. (1999). 'An Exploratory Study of a

Meditation-based Intervention for Binge Eating Disorder'. *Journal of Health Psychology*, 4(3), 357-36.

Tang, Y. Y., Ma, Y., Fan, Y., Feng, H., Wang, J., Feng, S., . . . Fan, M. (2009). 'Central and autonomic nervous system interaction is altered by short-term meditation'. *Proceedings of the National Academy of Sciences of the United States of America*, 106(22), 8865-8870.

Tang, Y.-Y., Lu, Q., Geng, X., Stein, E. A., Yang, Y., & Posner, M. I. (2010). 'Short-term meditation induces white matter changes in the anterior cingulate'. *Proceedings of the National Academy of Sciences*, 107(35), 15649-15652.

2. University of Pennsylvania, (2010, February 12). Building Fit Minds Under Stress: Penn Neuroscientists Examine the Protective Effects of Mindfulness Training. Retrieved January 9, 2011, from http://www.upenn.edu/pennnews/news/building-fit-minds-under-stress-penn-neuroscientists-examine-protective-effects-mindfulness-tra.

3. Jacobs, G. D., Benson, H., & Friedman, R. (1996). 'Perceived Benefits in a Behavioral-Medicine Insomnia Program: A Clinical Report'. *The American Journal of Medicine*, 100(2), 212-216. doi: 10.1016/s0002-9343(97)89461-2.

Ong, J. C., Shapiro, S. L., & Manber, R. (2008). 'Combining Mindfulness Meditation with Cognitive-Behavior Therapy for Insomnia: A Treatment-Development Study'. *Behavior Therapy*, 39(2), 171-182. doi: 10.1016/ j.beth.2007.07.002.

Ong, J. C., Shapiro, S. L., & Manber, R. (2009). 'Mindfulness Meditation and Cognitive Behavioral Therapy for Insomnia: A Naturalistic 12-Month Follow-up'. *EXPLORE: The Journal of Science and Healing*, 5(1), 30-36: doi: 10.1016/j.explore.2008.10.004.

4. Zeidan, F., Johnson, S. K., Diamond, B. J., David, Z., & Goolkasian,

P. (2010). 'Mindfulness meditation improves cognition: Evidence of brief mental training'. *Consciousness and Cognition*, 19(2), 597-605. doi: 10.1016/j.concog.2010.03.014.
University of Carolina,(2010, April 16. Experiment Shows Brief Meditative Exercise Helps Cognition. Retrieved January 9, 2011, from http://www.publicrelations.uncc.edu/default.asp?id-=15&objId=656.
5. Pagnoni, G., & Cekic, M. (2007). 'Age effects on gray matter volume and attentional performance in Zen meditation'. *Neurobiology of Aging*, 28(10), 1623-1627. doi: 10.1016/j.neurobiolaging.2007.06.008.

## 安迪·普迪科姆

（Andy Puddicombe）

冥想及正念专家。从小就接触冥想，20 岁出头时决定从大学辍学，去喜马拉雅山区修习冥想。这开启了一段长达 10 年的人生旅程，他走遍了世界，一度皈依佛门。2004 年还俗后，他返回伦敦，在舞蹈与戏剧艺术学院取得马戏艺术专业的学位，并创建了“头脑空间”项目，帮助大众从冥想和正念中获益。

安迪曾接受许多国际媒体的专访，诸如《VOGUE》《纽约时报》《金融时报》《企业家》《男性健康》《时尚先生》等。他还经常出现在电视和网络节目中，曾上过英国 BBC、《奥兹医生秀》、Netflix 网站，并登上了 TED 演讲台。他著有一系列冥想入门的畅销书，包括《十分钟冥想》《正念饮食指南》《正念孕期指南》等。

## ·译者简介·

**王俊兰** 中国矿业大学英语语言文学专业硕士，现任教于河南省商丘市柘城县第二高级中学，具有多年的图书翻译经验，有《人生定位》《正念：此刻是一枝花》《唤醒老虎：启动自我疗愈本能》《理解人性》等十几部译著。

**王彦又** 河南科技大学外国语言学及应用语言学硕士，现任教于郑州工业应用技术学院，讲师，近年来公开发表科研论文 10 篇，主持市厅级项目 4 项，多次参与星火英语四、六级考试材料的撰写。